职业教育理实一体化规划教材

电热电动器具原理与维修

主　编　王增茂

副主编　刘　海　邓建云　葛根美

主　审　程　周

电子工业出版社

Publishing House of Electronics Industry

北京·BEIJING

内容简介

本书主要讲述了家用电器维修基础知识、常用电热器具、常用厨房电器、吸尘器原理与维修、电风扇原理与维修、洗衣机原理与维修六个项目内容。本书以典型产品为例,力求通俗易懂、举一反三,同时对产品中采用的新技术进行了较详细的介绍,具有针对性、典型性、实用性的特点。每章后面都配有体现教学基本要求的习题,便于学生学习。

本书适合作为高职高专、五年制高职以及中职中专电子信息类专业的相关课程教材,也可作为家电维修技术人员的培训教材。

图书在版编目(CIP)数据

电热电动器具原理与维修/王增茂主编. —3 版. —北京:电子工业出版社,2013.9
职业教育理实一体化规划教材
ISBN 978-7-121-21552-0

Ⅰ. ①电… Ⅱ. ①王… Ⅲ. ①日用电气器具—理论—中等专业学校—教材②日用电气器具—维修—中等专业学校—教材 Ⅳ. ①TM925.0

中国版本图书馆 CIP 数据核字(2013)第 225448 号

责任编辑:靳 平
印   刷:北京京师印务有限公司
装   订:北京京师印务有限公司
出版发行:电子工业出版社
        北京市海淀区万寿路 173 信箱 邮编 100036
开   本:787×1 092 1/16 印张:8.5 字数:217.6 千字
印   次:2013 年 9 月第 1 次印刷
定   价:19.00 元

凡所购买电子工业出版社图书有缺损问题,请向购买书店调换。若书店售缺,请与本社发行部联系,联系及邮购电话:(010)88254888。

质量投诉请发邮件至 zlts@phei.com.cn,盗版侵权举报请发邮件至 dbqq@phei.com.cn。

服务热线:(010)88258888。

职业教育示范性规划教材

编审委员会

主　任：程　周

副主任：过幼南　李乃夫

委　员：（按姓氏笔画排序）

出 版 说 明

为进一步贯彻教育部《国家中长期教育改革和发展规划纲要 (2010－2020)》的重要精神，确保职业教育教学改革顺利进行，全面提高教育教学质量，保证精品教材走进课堂，我们遵循职业教育的发展规律，本着"着力推进教育与产业、学校与企业、专业设置与职业岗位、课程教材与职业标准、教学过程与生产过程的深度对接"的出版理念，经过课程改革专家、行业企业专家、教研部门专家和教学一线骨干教师共同努力，开发了这套职业教育理实一体化规划教材。

本套教材采用理论与实践一体化的编写模式，突破以往理论与实践相脱节的现象，全程构建素质和技能培养框架，且具有如下鲜明的特色。

(1) 理论与实践紧密结合

本系列教材将基本理论的学习、操作技能的训练与生产实际相结合，注重在实践操作中加深对基本理论的理解，在技能训练过程中加深对专业知识、技能的应用。

(2) 面向职业岗位，兼顾技能鉴定

本系列教材以就业为导向，其内容面向实际、面向岗位，并紧密结合职业资格证书中的技能要求，培养学生的综合职业能力。

(3) 遵循认知规律，知识贴近实际

本系列教材充分考虑了专业技能要求和知识体系，从生活、生产实际引入相关知识，由浅入深、循序渐进地编排学习内容。

(4) 形式生动，易于接受

充分利用实物照片、示意图、表格等代替枯燥的文字叙述，力求内容表达生动活泼、浅显易懂。丰富的栏目设计可加强理论知识与实际生活生产的联系，提高学生学习的兴趣。

(5) 强大的编写队伍

行业专家、职业教育专家、一线骨干教师，特别是"双师型"教师加入编写队伍，为教材研发、编写奠定了坚实的基础，使本系列教材符合职业教育的培养目标和特点，具有很高的权威性。

(6) 配套丰富的数字化资源

为方便教学过程，根据每门课程的内容特点，对教材配备相应的电子教学课件、习题答案与指导、教学素材资源、教学网站支持等立体化教学资源。

职业教育肩负着服务社会经济和促进学生全面发展的重任。职业教育改革与发展的过程，也是课程不断改革与发展的历程。每一次课程改革都推动着职业教育的进一步发展，从而使职业教育培养的人才规格更适应和贴近社会需求。相信本系列教材的出版对于职业教育教学改革与发展会起到积极的推动作用，也欢迎各位职教专家和老师对我们的教材提出宝贵的建议，联系邮箱：jinping@phei.com.cn。

电子工业出版社

FOREWORD 前言

随着人民生活水平不断提高、科学技术日益发展，使各种各样的家用电器迅速进入家庭，家电已成为人们摆脱繁重家务劳动、改善生活条件、增加情趣甚至实现工作家庭化（SOHO）不可缺少的"助手"。本书以典型产品为例，介绍了家用电器基础知识以及电热器具、洗衣机等的结构原理与维修实例，同时对产品中采用的新技术进行了较详细的介绍。主要内容包括家用电器维修基础知识、常用电热器具、常用厨房电器、吸尘器原理与维修、电风扇原理与维修、洗衣机原理与维修，每个项目后面都配有体现教学基本要求的习题，便于学生学习。

本书适合作为高职高专、五年制高职以及中职中专电子信息类专业的相关课程教材，也可作为家电维修技术人员的培训教材。本书由南昌汽车机电学校王增茂老师担任主编，程周老师担任主审，参加编写的人员还有南昌汽车机电学校的刘海、邓建云、罗来华、龚国金，以及葛根美老师。同时，本书还得到江西现代职业技术学院王连英教授的大力支持，在此一并表示感谢。

由于时间紧，编者水平有限，书中存在不少错误，请读者指正。

编　者

CONTENTS 目录

项目一

家用电器维修基础知识

项目简介

　　该项目主要讲述家用电器维修基础知识，包括各种发热器、控制器、保温器、时间控制器等主要器件的性能指标和应用，掌握家用电器维修基本分析方法和电热器具主要元件的检测与维修。

任务一　电热器具的类型与基本结构

学习目标

① 了解电热器具的类型与基本结构。

② 了解电阻式、红外线、PTC电热器具的材料和主要参数。

③ 掌握电阻式、红外线、PTC电热器具的结构原理、性能和应用。

④ 了解温控器件的类型，掌握各类温控器件的结构原理与应用。

工作任务

① 电热器具的类型与基本结构分析。

② 电阻式、红外线、PTC电热器件应用。

③ 各类温控器件的结构原理与应用。

项　目　实　施

第1步　认识电热器具的类型

电热器具是将电能转变为热能的器具，常见的电热器具（加热管）如图1.1.1所示。

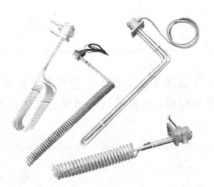

图1.1.1　常见的电热器具（加热管）

随着人们生活水平的提高，清洁安全、使用方便的电热器具越来越多地进入家庭。电热器具的品种繁多、功能齐全，每年都有新产品面世，不断充实人们的物质生活。

1. 电热器具的分类

① 按用途分为电热炊具、电热水器、电热取暖器、电热清洁器具等。

② 按电热转换方式分为电阻式电热器具、红外式电热器具、感应式电热器具、微波式电

热器具等。

2. 常见电热器具举例

（1）电阻式电热器具

由焦耳-楞次定律可知，电流通过具有一定电阻的导体时，导体就会发热。利用电阻发热原理制成的电热器具称为电阻式电热器具，如电饭锅、电热毯、电炉、空间加热器、电磁灶、电烤箱等。

（2）红外式电热器具

红外式电热器具是通过加热激励某些红外线辐射物质，利用这些物质辐射出的红外线来加热物体。它的特点是热效率高，常见的红外式电热器具有红外式取暖炉、电烤箱等。

（3）感应式电热器具

若将导体置于交变磁场中，其内部将产生感应电流（涡流），涡流在导体内部克服内阻流动而产生热量。利用涡流产生热量的电热器具称为感应式电热器具，它的特点是比较安全、热效率高，其典型产品为电磁灶。

（4）微波式电热器具

微波式电热器具的工作原理是当微波照射某些介质时，其内部分子会加速运动而发热。微波炉是目前微波式电热器具中应用最为广泛和完善的产品，优点是热力散布均匀，热效率高。目前，微波式电热器具最常见的微波频率有 915MHz 和 2450MHz 两种。

想一想

常见的电热器具加热方式是否完全一样？区别在哪里？

第2步 认识电热器具基本结构

尽管家用电热器具类别不同，但基本结构都一样。主要有三类元件：电热元件、温度控制元件、定时元件、安全保护装置等。

1. 电热器具的基本结构

电热器具的基本结构包括发热部件、温控部件及安全装置三部分。

2. 各部件的主要作用与举例

（1）发热部件

发热部件的主要功能是将电能转换为热能。它由各类电热元件构成，常见的电热元件有电热丝、电阻发热体、红外线灯、管状红外线辐射元件、半导体加热器（PTC 电热元件）等。

（2）温控部件

温控部件的主要功能是控制发热部件的发热程度，使电热器具所发出的热量符合要求。具体地讲，温控部件能够使电热器具具有调节温度的能力。常用的温控部件有双金属式恒温控制

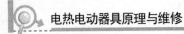

器和磁控式温度调节器。近年来随着科学技术的发展，PTC温控部件、电子温控部件及电脑温控部件逐渐被广泛使用。

（3）安全装置（温度保险器）

安全装置的功能是当电热器具发热温度超过正常范围时，自动切断电源，防止电热器具过热，确保安全。常用的安全装置有温度熔丝、热继电器等。

 **想一想**

PTC器件与NTC器件有何区别？举些在实际中应用的例子。

任务二　常见电热元件

学习目标

① 了解常见电热元件的基本结构、分类及参数。
② 掌握常见电热元件在实际电路中的应用。
③ 掌握常见电热元件的故障现象及维修方法。

工作任务

① 常见电热元件的基本结构、分类及其参数的认识。
② 常见电热元件在实际电路中的应用。
③ 常见电热元件的故障现象及维修方法。

 **项　目　实　施**

第1步　认识常见电热元件

1. 电阻式电热元件的常用材料及主要参数

电阻式电热器具是靠它的电热元件在通电时发热而进行工作的。因此，电热材料是电热器具的核心部件，它的性能直接决定电热器具的性能与质量。

（1）电热材料分类

常用的电阻式电热材料有贵金属及其合金、重金属及其合金、镍基合金、铁基合金等，如表1.2.1所示。其中，铁基合金及镍基合金在电阻式电热元件中应用最广泛。

表 1.2.1 常用的电阻式电热材料

种　类	贵金属及其合金	重金属及其合金	镍基合金	铁基合金
实　例	铂、铂铱	钨、钼	铬镍、铬镍铁	铁铬铝、铁铝

（2）电热材料主要参数

1）物理与机械性能参数

该参数主要包括电热材料的导热系数、电阻率、熔点、线膨胀系数、伸长率等。

2）最高使用温度

该参数指电热元件本身所允许的最高表面温度。使用时，电热器具的最高工作温度，至少应低于元件最高使用温度 100℃左右。常用电热材料的最高使用温度与工作温度如表 1.2.2 所示。

表 1.2.2 常用电热材料的最高使用温度与工作温度

材料		使用温度/℃	
		常用工作温度	最高使用温度
镍铬合金	Cr20Ni80	1000～1050	1150
	Cr15Ni60	900～950	1050
铁铬铝合金	1Cr13A14	900～950	1100
	0Cr13A16Mo2	1050～1200	1300
	0Cr25A15	1050～1200	1300

（3）电热合金

根据不同的温度，我们可以把电热合金分为四个等级：超高温级电热合金、高温级电热合金、中温级电热合金、低温级电热合金。

1）超高温级电热合金

超高温级电热合金的使用温度为 1400℃。它用于制造工作温度为 1200～1300℃加热炉的电热元件。该合金的化学成分全都属于铁铬铝系，主要用于工作温度在 1200～1300℃的单晶体扩散炉、粉末冶金制品烧结炉、陶瓷煅烧炉和高温热处理炉等的电热元件。

2）高温级电热合金

高温级电热合金的使用温度为 1300℃，主要用于制造温度在 1100～1200℃加热炉的电热元件。这一组电热合金也都属于铁铬铝系列，主要用于制造淬火、正火、退火、固溶处理等热处理炉的电热元件和铜、铝及其合金熔化炉的电热元件。

3）中温级电热合金

中温级电热合金使用温度为 1100℃，主要用于制造工作温度为 850～950℃加热炉的电热元件，如高温回火炉、溶铝炉以及家用电器等。这一组电热合金具有比较好的塑性，在常温下可加工制成形状复杂的电热元件。

4）低温级电热合金

低温级电热合金的使用温度为 950℃以下，主要用于制造工作温度在 800℃以下加热炉的电热元件，如低温回火炉、烘干炉及家用电器等。

2．电阻式电热元件的类型

电阻式电热元件按装配方式分为开启式、罩盖式、密封式。

（1）开启式电热元件

开启式电热元件是裸露的，它利用对流和辐射方式将热能传给被加热物体。这类电热元件多是嵌装在绝缘材料制成的凹槽里或缠绕在绝缘构架上。电炉与电吹风机中的电热元件都属于开启式，如图 1.2.1 所示。

图 1.2.1　电炉与电吹风机中的电热元件

开启式电热元件的优点是结构简单、成本低、安装与检修方便；缺点是裸露在空气中易氧化、使用寿命短、不太安全。

（2）罩盖式电热元件

这类电热元件是置于某种保护罩下的，它可直接与被加热物体接触，主要靠传导方式传送热能。电熨斗与电烤炉的结构如图 1.2.2 所示，均采用罩盖式电热元件。其中，电熨斗中带状的电热丝缠在云母板上，再用两片云母罩住上下两面；而电烤炉利用铁罩将电热器罩住。

罩盖式电热元件的优点是电热元件寿命较长；缺点是热效率较低。

（3）密封式电热元件

密封式电热元件是用绝缘导热材料将电热元件密封起来，其结构如图 1.2.3 所示。

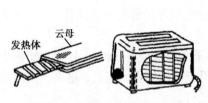
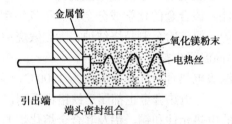

图 1.2.2　电熨斗与电烤炉的结构　　　　图 1.2.3　密封式电热元件的结构

将电热丝装入金属管，为防止管壁和电热丝相碰、在空隙处均匀填入氧化镁等耐热性绝缘粉末，然后两端接出引出端并且密封。由于密封，电热器件不直接接触空气，所以电热丝不易氧化、寿命长、安全、不会污损。密封式电热元件可以通过辐射、对流或传导传递热能，效率较高。密封式电热元件的缺点是检修难，造价高。应用最广泛的是管状电热器，如图 1.2.4 所示。

板状发热元件如图 1.2.5 所示，它是在耐热绝缘板上涂一层导电涂料的发热元件而构成。

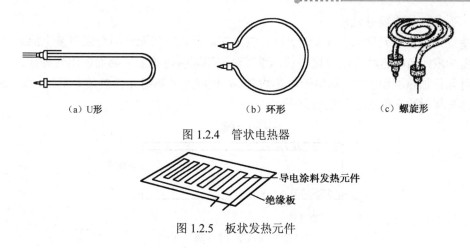

（a）U形 （b）环形 （c）螺旋形

图 1.2.4 管状电热器

导电涂料发热元件

绝缘板

图 1.2.5 板状发热元件

想一想

常用的电阻式电热元件有哪些类型？它们是如何进行电-热转换的？

3. 红外线电热元件

红外线是一种介于可见光与微波之间的电磁波，为人眼看不见的射线。物体吸收了红外线就能够发热。红外线波长在 0.75～1000μm，其中 20～1000μm 为远红外线。

实验证明，物体最容易吸收红外线，因此，利用远红外线加热或干燥物品是日益被广泛采用的新技术。红外线电热元件是利用辐射方式给物体加热的，用于取暖器具和烘箱。红外线电热元件的优点是升温迅速、穿透力强、加热均匀、节能。

电热器具中采用红外线电热元件的类型如下。

（1）管状红外线辐射元件

1）金属管远红外线辐射元件

它由普通金属管电热元件加涂远红外线辐射层制成。金属管远红外线辐射元件的优点是可做成不同形状和各种长度，热效率高，升温快，安装方便；缺点是难以胜任大功率高温加热。

2）石英管红外线辐射元件

石英管红外线辐射元件与普通管状电热元件基本相同，只是外套由乳白色石英材质的管子构成。由于乳白色石英可以吸收电热丝发射的可见光及近红外光（0.75～2.5μm），引起石英玻璃中晶格震动，产生远红外辐射，它能使热效率很低的可见光与近红外光转换为热效率很高的远红外辐射。石英管红外线辐射元件的特点是辐射能力较大，常用于空间加热器（电暖炉）及家用干燥器，如图 1.2.6 所示。

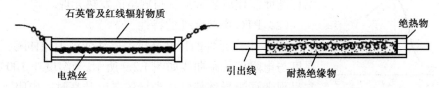

石英管及红线辐射物质 绝热物

电热丝 引出线 耐热绝缘物

图 1.2.6 石英管红外线辐射元件

（2）板状红外线辐射元件

板状红外线辐射元件如图 1.2.7 所示，它是在罩盖式电热元件的金属罩盖上涂上红外线辐射物质而构成。当电热丝通电被加热后，通过对流和辐射使罩盖加热而射出红外线。由于板状红外辐射元件加热面积较大，常用于电热炊具。若板状红外辐射元件热效率不高，加热速度慢，是发热体与辐射物之间有空气层的缘故。

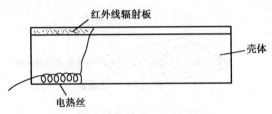

图 1.2.7　板状红外线辐射元件

（3）烧结式红外线辐射元件

烧结式红外线辐射元件如图 1.2.8 所示，烧结式红外线辐射元件有两种：一是将电热丝放在含有红外线辐射物质的陶瓷器里，再以高温烧结，即制成烧结式红外线辐射元件。另一种是先将电热丝放在陶瓷器里，高温烧结成型，再涂覆红外辐射物质来制作烧结式红外线辐射元件。经通电加热的电热丝通过陶瓷层将热传给红外线辐射涂层，使之辐射红外线。该元件的特点是热效率高，较脆，经不起碰撞，成形工艺复杂，多用于烤炉及取暖器具。

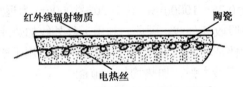

图 1.2.8　烧结式红外线辐射元件

想一想

红外线电热元件有哪些类型？它们结构如何？有何特点？举例说明它们的用途。

4. PTC 电热元件

（1）PTC 电热元件的材料

PTC 电热元件是具有正温度系数的半导体陶瓷元件。它的主要代表材料有钛酸钡系列，它是有机化合物，可经模压、高温烧结而制作成各种形状与规格的发热元件。

（2）PTC 电热元件的特性

PTC 电热元件的特性分析：以钛酸钡半导体陶瓷为例，其温度与电阻率关系曲线如图 1.2.9 所示。当温度在 100℃以下时，它呈现普通半导体特性，当导体温度升高时，电阻下降，为负

图 1.2.9　PTC 特性曲线

温度系数。而当温度升高到 100℃ 以上的一段范围内，其电阻随着温度升高而急剧上升几个数量级（1000～100000 倍），呈现强烈的正温度系数特性。正温度特性的起始温度称为居里温度，用 T_p 表示，而上述阻抗异常变化的现象称为 PTC 特性。

（3）PTC 电热元件的特点

PTC 电热元件具有加热与自身控温双重功能，是一种新型电热元件。在 PTC 元件的生产过程中，可通过制作工艺和添加材料上的差别来改变其居里温度，如添加锶（Sr）、锡（Sn），则居里温度向低温移动；添加铅（Pb），则居里温度向高温移动。目前，PTC 居里温度一般控制和选定在 -20～300℃ 内。

（4）PTC 电热元件实例

PTC 恒温型电熨斗结构如图 1.2.10 所示，该电熨斗由 10 片 PTC 电热元件并联组成，其排列如图 1.2.10（c）所示，图 1.2.10（b）为图 1.2.10（a）中小圆圈部分的放大，图 1.2.10（a）为剖面示意图。由于采用 PTC 电热元件，该电熨斗突出的优点是：利用 PTC 电热元件特性，使电热元件本身具有自动调温控制功能；由于 PTC 电热元件的阻值仅与温度有关，故受电源电压波动的影响小；使用安全可靠，工作寿命长。

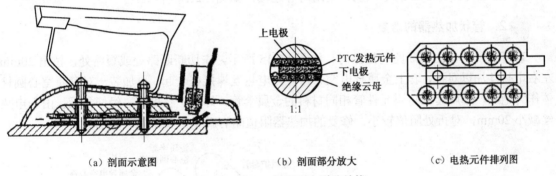

上电极
PTC 发热元件
下电极
绝缘云母

（a）剖面示意图　　　（b）剖面部分放大　　　（c）电热元件排列图

图 1.2.10　PTC 恒温型电熨斗结构

想一想

PTC 电热元件在实际家电中还有哪些应用？试举例说明。

第 2 步　常见电热器件的修复

1. 电热器件的修复

① 直径小于 0.5mm 的电热丝，将两侧断头相互缠绕连接，如图 1.2.11（a）所示，此法对铁基合金丝不适合。

② 直径在 0.5～1mm 时，将断头置于槽中冷压，如图 1.2.11（b）所示，还可采用包不锈钢皮冲压连接，如图 1.2.11（c）所示。

③ 直径在 1～1.5mm 的电热丝，可在导电杆上铣槽或钻孔进行焊接，如图 1.2.12 和图 1.2.13 所示。

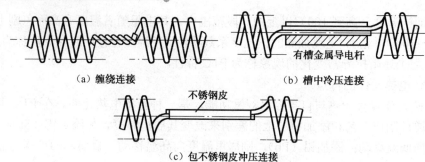

（a）缠绕连接　　　　　　　　　　（b）槽中冷压连接

有槽金属导电杆

不锈钢皮

（c）包不锈钢皮冲压连接

图 1.2.11　电热丝的连接方法

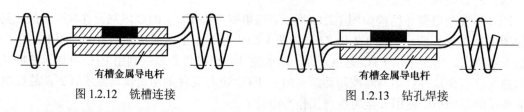

有槽金属导电杆　　　　　　　　　　　　有槽金属导电杆

图 1.2.12　铣槽连接　　　　　　　　　图 1.2.13　钻孔焊接

④ 直径大于 1.6mm 的电热丝，采用对焊连接，如图 1.2.14 所示。

2. 管状加热器的修复

若管状加热器出现断路与短路时，如图 1.2.15 所示，先切断断路处或短路处，拉出 20mm 左右电热丝加以对折，套上金属导电空心棒并与电热丝焊接在一起，再加装一对瓷质空心圆柱体作为绝缘，最后套上与原元件管相同材料的金属套管，焊成一体即可。经修复后，由于电热丝减小 20mm，对折处阻值较小，修复的加热器阻值略有减小，功率略有增加。

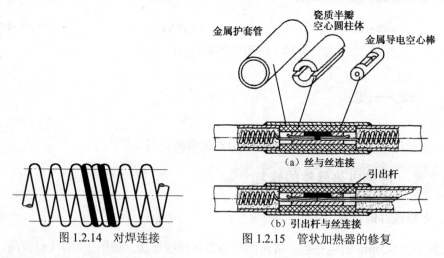

金属护套管

瓷质半瓣
空心圆柱体

金属导电空心棒

（a）丝与丝连接

引出杆

图 1.2.14　对焊连接

（b）引出杆与丝连接

图 1.2.15　管状加热器的修复

3. 双金属温控器的修复

双金属温控器的故障现象有电热器具温控失灵，故障排除方法如下。

① 开关动作点过低，适当拧松调节螺钉，使弯曲距离增大。

② 开关动作点过高，适当拧紧调节螺钉，使弯曲距离减小。

③ 开关接触点不良，用砂纸打磨光滑或更换。

④ 触点烧蚀、黏结或无弹性，打磨触点或更换触点。

想一想

对双金属温控器的开关动作点维修，应注意什么？如何正确用砂纸将触点打磨光滑？

任务三　常见温控与定时器件

学 习 目 标

① 了解常见温控与定时器件的基本结构、分类及其参数。
② 掌握常见温控与定时器件在实际电路中的应用。

工 作 任 务

① 常见温控与定时器件的基本结构、分类及参数。
② 常见温控与定时器件在实际电路中的应用。

项 目 实 施

第1步　认识常见温控器件

温控器件是电热器具的另一重要组成部分，其作用是控制电热器具的工作温度，使电热器具具有调节温度的能力或将电热器具的工作温度限定在某一范围。温控器件有温控和定时两种工作方式。温控用于控制电热器具的发热强度；定时用于控制电热器具的发热时间。两者配合使用，能得到较好的温控效果。温控器件有双金属温控器、磁性温控器、定时器、电子温控器。

1. 双金属片

将两种热膨胀系数不同的金属材料粘合在一起，当电热器温度升高到某值时，由于两种金属片的热膨胀系数不同，它们之间会产生内应力，从而使得双金属片发生弯曲变形。利用这种变形来控制电源的通断，即可达到控制电热器具温度的目的。

在双金属片上装有电气开关触点，当双金属片因受热而变形时，触点断开或闭合，导致电路断开或闭合。这样，温度的变化即被转换成电路控制信号，从而控制加热温度。动断（常闭）触点双金属片如图 1.3.1 所示，动合（常开）触点双金属片如图 1.3.2 所示。

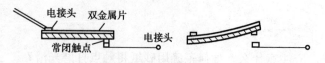

（a）动断（常闭）触点　　　（b）动断瞬间

图 1.3.1　常闭触点双金属片

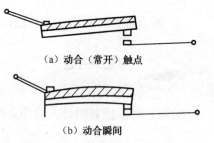

（a）动合（常开）触点

（b）动合瞬间

图 1.3.2　常开触点双金属片

2．双金属温控器的结构及原理

双金属温控器由双金属片、触点、调温螺旋杆等组成。触点形式有动合（常开）触点和动断（常闭）触点。按双金属片变形方式可分为直线移动型与转动型等。直线移动型金属片为平直形或 U 字形，转动型金属片多为螺旋形或碟形。按动作速度又可分为缓动式和快动式，如图 1.3.3 所示。常见型号双金属式温控器的特点与应用如表 1.3.1 所示。

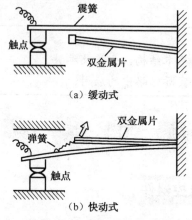

（a）缓动式

（b）快动式

图 1.3.3　双金属温控器类型

表 1.3.1　常见型号双金属式温控器的特点与应用

型　　号	特　　点	温度控制范围	应 用 范 围
KST	快动式，温度可调 250V/5A,10A	50～180℃ 50～300℃	电熨斗、电烤箱、电炒锅、电热锅等能调节温度的电器
KSD	快动式，温度定值 250V/5A,10A	50～180℃ 50～300℃	电饭锅、电炒锅、电暖器、电烤箱、暖风机等恒温及限温电器
KMT	缓动式，温度可调 250V/5A,10A	50～180℃ 50～300℃	电熨斗、电烤箱、电炒锅、电热锅等能调节温度的电器
KMD	缓动式，温度定值 250V/5A,10A	50～180℃ 50～300℃	电饭锅、电炒锅、电暖器、电烤箱、暖风机等恒温及限温电器

双金属温控器中双金属片吸收热量的方式有几种？利用什么原理使双金属片温度升高？

第2步 认识常见磁性温控器件

1. 感温磁性材料特性

磁性温控器是根据铁、镍及有些合金在常温情况下可以被磁化而与磁铁相吸，当温度上升到超过这类材料的居里温度时，磁性急剧下降的特性来实现温度控制的。感温磁性材料特性曲线如图1.3.4所示。

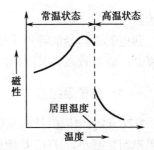

图1.3.4 感温磁性材料特性曲线

2. 磁性温控器的结构及原理

磁性温控器的结构及控温原理如图1.3.5所示。电饭锅所用磁性温控器结构如图1.3.6所示，它由温感磁铁、永久磁钢、拉杆、杠杆及触点等组成。通电时永久磁钢吸住温感磁铁，达到居里点时，温感磁铁磁性急剧变小，磁钢下落切断电源。

磁性温控器的特点为动作敏捷、可靠、控温准确，结构复杂，不能反复自动供电，适用于限温开关。

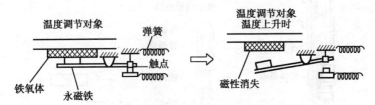

图1.3.5 磁性温控器的结构及控温原理

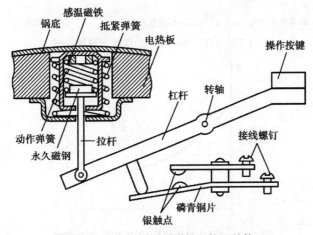

图1.3.6 电饭锅所用磁性温控器结构

3. 热电偶温控器

热电偶如图 1.3.7 所示,它是由两种成分不同、相互具有一定热电特性的材料构成热电极,

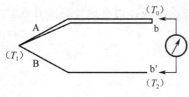

图 1.3.7 热电偶

两端有温差,可以产生电动势,从而控制温度。A 和 B 是两种成分不同、互相具有一定热电特性的材料,将它们的一端焊接起来,而另一端连接起来形成回路,便构成一个热电偶。热电偶的焊接端称为工作端或热端。使用时将热端置于被测温度部位,设其温度为 T_1;另一端为自由端或冷端,设其温度为 T_2,当 $T_1 > T_2$ 时,在回路中即会产生电动势(称为热电势),此电动势经过放大后去控制执行机构,便可达到控温目的。

热电偶温控器的特点是结构简单,使用方便,精确可靠,调温范围宽;其缺点是应用系统较复杂,成本较高。其应用范围:较大功率电热器具、100L 以上的热水器、大型电烤炉等。

4. 电子温控器

NTC 热敏电阻的结构及电路符号如图 1.3.8 所示。负温度系数(NTC)特性是温度升高,电阻率明显减小,NTC 热敏电阻的电阻率–温度特性如图 1.3.9 所示。温度变化时,热敏电阻阻值变化,引起电路中电压或电流变化,经电路放大,驱动执行器件,控制温度。感温系统将电热器具的温度变化转换成电信号;主控系统按收到温度变化的电信号后,按电路设计要求控制电热元件的发热量,从而实现温度控制。

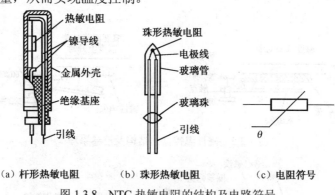

(a) 杆形热敏电阻　　　(b) 珠形热敏电阻　　　(c) 电阻符号

图 1.3.8 NTC 热敏电阻的结构及电路符号

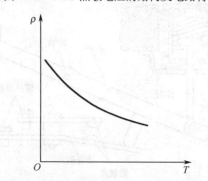

图 1.3.9 NTC 热敏电阻的电阻率–温度特性

热敏电阻的几种结构各用在哪些家电中？试举例说明。

5. 二极管温控电路

二极管温控电路如图 1.3.10 所示，其调温过程为当开关 S 闭合时，220V 交流电压加至电热丝，使其发热，当开关 S 打开，220V 交流电经二极管 VD 加至电热丝。由于 VD 的单向导电特性，交流电正半周时，VD 导通，负半周时，VD 截止。与开关 S 闭合时相比，电热丝上获得的电压（或电流）只有其 0.45 倍，其电热丝的发热量比未经 VD 整流时要小。通过 S 的闭合和断开，将电热丝发热温度分为高温、低温两挡。

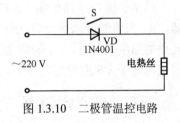

图 1.3.10 二极管温控电路

在二极管温控电路中，如果二极管被击穿，会有什么故障现象？

6. 三极管温控电路

三极管温控电路如图 1.3.11 所示，VT1、VT2 工作在开关状态，RT 为负温度系数的热敏电阻，将其压在褥子下面，当温度升高时其阻值变小，而温度降低时其阻值变大；KA 为电热丝开关继电器，它的吸合与释放状态决定电热丝是处于通电还是断电状态；2CP11 为 VT1、VT2 提供稳定的发射极偏置电压；RP、RT 及其他电阻均为三极管偏置电阻。温控原理：接通电源，电热褥下的热敏电阻 RT 阻值较大，A 点电位较低，VT1 截止，VT2 导通，KA 吸合，动合触点闭合，使电热褥中的电热元件被通电加热，温度开始升高。

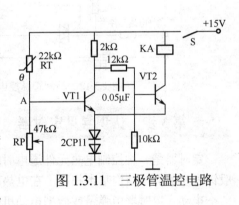

图 1.3.11 三极管温控电路

当电热褥发热温度较高时，热敏电阻 RT 阻值变小，A 点电位升高，使 VT1 的 U_{be} 变大，VT1 饱和导通，集电极电位下降；VT2 基极电位下降，VT2 截止，c-e 间呈高阻抗，KA 释放，电热褥的电热丝断电而降温，当电热褥发热温度降至较低时，RT 阻值变大，A 点电位下降，VT1 截止，集电极电位上升至电源电压值，至使 VT2 基极电位上升，VT2 饱和导通，c-e 间呈低阻抗，KA 吸合，电热褥电热丝又开始加热。电热丝如此循环工作，使电热褥保持一定的温度，调节 RP 可进行温度调节。

想一想

在三极管温控电路种，2CP11 的作用是什么？还可以用什么元件来代替？

7. 晶闸管温控电路

晶闸管温控电路如图 1.3.12 所示，其元件作用及温控原理为 R1、R2、R3 组成分压式感温器，R1 为负温度系数感温元件，RP 是温控调节器。双向晶闸管 VS 与电热元件串联。当电热元件的温度上升时，R1 的阻值逐渐下降，当电热元件的温度达到一定值，R1 的阻值下降，门极电压低于 VS 的导通电压时，VS 截止，切断电源，电热元件停止加热。

8. 超温保护熔断器

重力式超温保护熔断器如图 1.3.13 所示，超温保护熔断器功能超温便切断电源。重物上涂有不同颜色点来表示熔断温度。熔丝由铅、锡、铋等受热易融化的合金制成，串联在电热器件电路中，当电热器件温度过高时，温度熔丝受热熔化，电源被切断，熔丝上方有重物，以便熔丝在受热时易断。色点表示温度熔丝的熔化温度，在 80～230℃ 范围内。黑色代表 100℃，重物本色代表 110℃，红色代表 120℃，绿色代表 130℃，黄色代表 150℃。

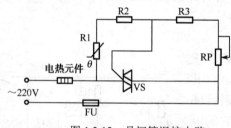

图 1.3.12　晶闸管温控电路

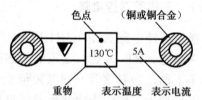

图 1.3.13　重力式超温保护熔断器

第3步　认识常见定时器

定时器是一种控制电热元件通电时间的开关装置，它有发条式和电动式两种。发条式与一般钟表发条机构结构基本相同，在电热器具中很少应用。

电动式定时器由弹簧或微型电动机带动，手动调整工作延续时间，当电热器工作到选定时间时，电路自动断开，电热器具停止工作。

1. 机械发条式定时器

机械发条式定时器结构如图 1.3.14 所示，其动力来源于卷曲的弹簧钢带。开关组件工作原理如图 1.3.15 所示，它由一个带凹槽的转盘和一个有固定支点的杠杆触点组成。转盘可由手转动，发条或微型电动机通过减速机构带动。

当要确定工作时间时，操作者手动旋转旋钮，使转盘顺时针转动来确定工作时间，当杠杆滑动支点滑出凹槽与转盘外圆接触时，杠杆触点恰好与固定触点紧密贴合。若此时接通电源开关，电热器开始工作，同时微型电动机转动，通过减速机构带动转盘持续转动。当杠杆滑动支点重新落入凹槽时，触点断开，电路断电，电热器停止工作。电热器工作时间由旋动的角度来决定。

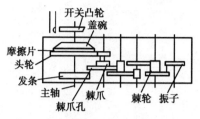

图 1.3.14 机械发条式定时器结构

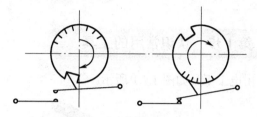

图 1.3.15 开关组件工作原理

2. 电动机驱动式定时器

电动机驱动式定时器的结构如图 1.3.16 所示，其动力来源于微型同步电动机。

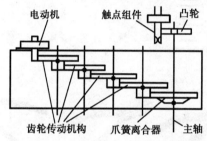

图 1.3.16 电动机驱动式定时器的结构

3. 电子式定时器

电子式定时器是利用 RC 充放电电路进行延时控制，其电路简单、误差大、可靠性较差，故采用集成电路，如 555 时基电路、数字集成电路。

任务四 电热器具维修基本知识

学 习 目 标

① 了解常用的工具。
② 掌握电热器具常见的故障及维修方法。

工 作 任 务

① 常用工具的使用。
② 电热器具常见的故障及维修方法。

第1步 认识常用的工具

常用电工工具如图 1.4.1 所示。

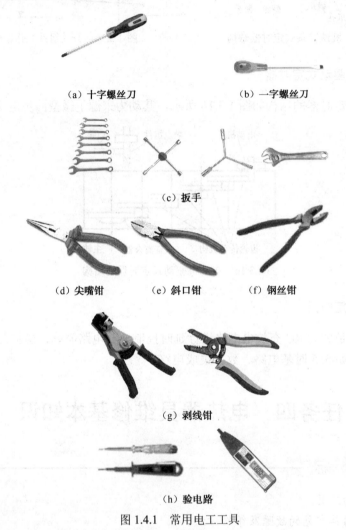

（a）十字螺丝刀　　　　　（b）一字螺丝刀

（c）扳手

（d）尖嘴钳　　　　（e）斜口钳　　　　（f）钢丝钳

（g）剥线钳

（h）验电路

图 1.4.1　常用电工工具

电工工具是电气操作的基本工具，电气操作人员必须掌握电工常用工具的结构、性能和正确的使用方法。

常用电工工具基本分为以下三类。

① 通用电工工具：指电工随时都可以使用的常备工具。主要有测电笔、螺丝刀、钢丝钳、活扳手、电工刀、剥线钳等。

② 线路装修工具：指电力内外线装修必备的工具，它包括用于打孔、紧线、钳夹、切割、剥线、弯管、登高的工具及设备。线路装修工具主要有各类电工用凿、冲击电钻、管子钳、剥

线钳、紧线器、弯管器、切割工具、套丝器具等。

③ 设备装修工具：指设备安装、拆卸、紧固及管线焊接加热的工具。设备装修工具主要有各类用于拆卸轴承、联轴器、皮带轮等紧固件的拉具，以及安装用的各类套筒扳手和加热用的喷灯等。

在图 1.4.1 中，哪些是你熟悉的工具？你知道它们的正确名称和使用方法吗？哪些是你没见过的工具？

练习使用常用电工工具。

第 2 步　认识电热器具故障与检修方法

1. 电热器具的常见故障及检修方法

电热器具的主要故障有不发热与温度失控，其原因是电热元件导电回路开路，电热元件损坏或者温控元器件故障，控制电路故障。

首先分清是电热元件故障还是温控器件故障。用万用表测量电热元件阻值进行判断；通过加电来观察加热情况下其动作状态，从而判断温控器件故障。

2. 电热器具检修流程（见图 1.4.2）

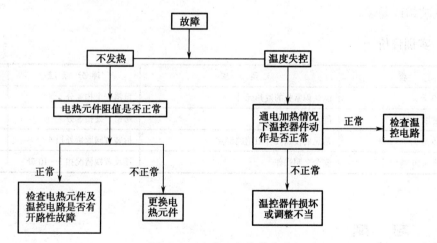

图 1.4.2　电热器具检修流程

做一做

实训一　常见电热元件的检测

1．实验目的

① 了解常见电热元件的种类和结构。

② 掌握常见电热元件的检测。

③ 掌握常用工具的使用。

④ 培养分析解决问题的能力和动手实践的能力。

2．实训器材

实训器材包括常见电热元件、万用表、工具一套。

3．实训步骤

① 认识与使用常用工具。

② 检测常见电热元件。

4．注意事项

① 爱护实验设施，把实训当成实战，严格按老师要求去做，以免损坏设备。

② 在设备拆装过程中，严禁通电，以免触电。

③ 在拆设备的时候，一定要做记录，因为拆开是为了了解它或修好它，一定要考虑能装回去，以免装错或漏装。

5．实训评价

内　容	要　求	评 分 标 准	得　分
元件识别（20分）	能认识常见的发热元件	每错一个扣4分	
工具的正确使用（30分）	能正确使用工具	每错一处扣5分	
元件检测（40分）	常见的发热元件阻值的测定	拆装有问题每处扣4分	
安全文明生产（10）	安全文明操作	违反者视情况扣3～10分	

习　题

1．电热器具有哪些基本类型？它们各自的工作原理是什么？

2．电热器具的基本结构有哪几部分？各有什么作用？

3．电热材料的主要参数有哪些？常用电热材料有哪些？它们的特点是什么？

4．在电热器具中，绝缘材料与绝热材料的主要用途是什么？

5．电阻式电热元件有哪些主要类型？叙述管状红外线辐射元件的结构特点？

6．PTC 电热元件的特性是什么？有哪些用途？

7．温控器件有哪些主要类型？双金属式温控器是如何实现温控的？

8．磁控式温控器件是如何限温的？

9．举例说明电子式温控器件与热电偶温控器的工作过程。

10．叙述电热器具的常见故障及检修流程。

11．叙述双金属式温控器的常见故障及排除方法。

项目二

常用电热器具

项目简介

该项目主要介绍一些家庭常用的电热器具，如电熨斗、电暖器、电热水器等，掌握常用电热器具的基本原理。

任务一　电熨斗

① 了解电熨斗的类型、主要结构。
② 掌握电熨斗的基本工作原理。
③ 掌握电熨斗的故障及检修方法。

工 作 任 务

① 电熨斗的类型与基本结构分析。
② 电熨斗的工作原理。
③ 电熨斗使用检修及注意事项。

第1步　认识电熨斗的类型

电熨斗是一种家庭常用的电热器具，主要的作用是利用电热来熨烫衣物，是电热清洁器具的一种，常见的一些电熨斗如图 2.1.1 所示。

（a）普通型电熨斗

（b）调温型电熨斗

（c）蒸气型电熨斗

（d）整齐喷雾型电熨斗

图 2.1.1　常见的一些电熨斗

世界上第一个实用电熨斗在 1882 年由美国人西利发明，它改变了欧洲人自 17 世纪以来用火加热铁板来熨烫衣服的传统和习惯。它里面装了一个金属丝，然后利用金属丝通电后会发热的属性来进行熨烫。在 20 世纪初期，在美国又发明了第一个蒸气式熨斗。

现在一般常用的电熨斗主要有三种：普通型电熨斗、自动调温型电熨斗和蒸气喷雾型电熨斗。

（1）普通型电熨斗

普通型电熨斗是最早的一种电熨斗，其特点是结构相对简单，主要由底板、电热元件、压板、罩壳和手柄等部分组成，缺点是不能调节温度。

（2）自动调温型电熨斗

因普通型电熨斗不能满足人们对不同衣物熨烫温度的不同需求，所以在普通电熨斗的基础上增加了温控元件而制成了自动调温型电熨斗，一般温度调节范围可达到 60～250℃，具体方法是通过旋转温控旋钮，改变温控元件中双金属片的静触点和动触点之间的距离和压力，就可以改变熨斗的温度。

（3）蒸气喷雾型电熨斗

蒸气喷雾型电熨斗能够通过内部产生滚烫的水蒸气不断地接触衣物，达到软化衣物的目的，使得熨烫之后的衣物平整如新。它是在自动调温型电熨斗的基础上增加蒸气装置和喷雾装置而组成，具有调温、喷气、喷雾等多种功能，使用起来快捷方便。

想一想

如何辨别不同类型的电熨斗？你有没有见过其他类型的电熨斗？

第 2 步　认识电熨斗的基本结构

电熨斗的外部结构如图 2.1.2 所示。

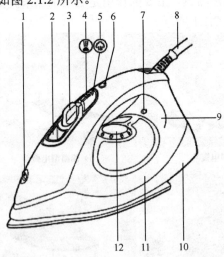

1—喷雾嘴；2—加水口；3—蒸气控制：◎=无蒸气，◠=中等蒸气量，◓=最大蒸气量，•=除水垢功能；
4—喷雾按钮▓；5—蒸气喷射▓；6—自动关熄指示灯；7—温度指示灯；8—电源线；9—防水垢片；
10—型号牌；11—水箱；12—温度旋钮

图 2.1.2　电熨斗的外部结构

电熨斗的内部结构如图 2.1.3 所示。

电熨斗主要是由底板、熨斗芯、云母片、铸铁板、外壳、熨斗棒和 PTC 元件构成。其工作原理是使电熨斗的发热元件通电后发热升温，来达到熨烫所需的温度，一般电熨斗常用的发热元件有云母骨架发热元件和金属管发热元件。云母骨架发热元件制成的电熨斗优点是结构简单，发热均匀；缺点是电热丝暴露在空气中，易氧化，寿命短。金属管发热元件制成的电熨斗优点是机械强度好，寿命长，不易氧化，安全可靠；缺点是制作工艺相对较复杂。

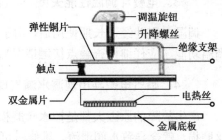

图 2.1.3　电熨斗的内部结构

而想要电熨斗具有调温功能，则须要加上双金属片。双金属片是由大小完全一样的铜片和铁片紧紧地铆在一起而制成的，膨胀系数大的铜片在上面，膨胀系数小的铁片在下面，通电后，电热丝加热升温，双金属片温度升高，由于铜片膨胀的比铁片大，于是双金属片向铁片那边（即下面）弯曲，温度越高，则弯曲的越厉害。当温度升高到一定时，双金属片向下弯曲到一定程度使得触点断开，此时电路断开，电热丝不再加热，温度开始下降，双金属片形变开始恢复，当温度降到某一值时，触点又重新接通，温度又再度升高。当需要更高的熨烫温度时，则通过调温旋钮，使升降螺钉向下移动并推动弹性铜片下移，使得触点下移，这样双金属片下弯程度更大，才能使触点断开，从而达到调温功能。

　　**想一想**

若电熨斗长期不用时，将调温旋钮旋至高温挡放置行不行，为什么？

第3步　电熨斗的常见故障及检修

1. 电熨斗不发热

当接通电源数分钟后，电熨斗仍不热，可先检查电源线、插头、插座、熨斗电桩头及发热芯导电片是否接触良好，如上述部位正常，可断定是电热丝烧断。如果对芯片进行修理，可拆开云母发热芯，将发热芯小铆钉拧下，卸下云母片，使电热芯绕片及电阻丝露出，查出断丝处，用绕接法接通。修复时，应使接头平整，切不要让电热丝接头刺穿云母片。发热芯修复后，将云母片按原位放好，如云母片已散开，则应用聚氨脂黏合剂粘合。

2. 调温电熨斗温度偏高或偏低

调温电熨斗的调温开关是利用两种热膨胀系数不同的双金属片组成的。当电熨斗热量达到指定的温度时，内部双金属片受热向下弯曲，使触点分开，就会自动切断电源；反之，熨斗冷却到低于指示温度，双金属片又接通，熨斗内电热丝继续通电，直到维持这个温度为止。通常，熨斗温度的调节是通过改变触点的原始位置来实现的。

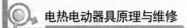

3. 电熨斗调温性能失灵

调温电熨斗经过长期使用后，由于开关银触点氧化或电弧烧熔粘合，可能使电路不通或无调温功能。应仔细检查触点接触情况后，用油石将触点仔细修正。

4. 喷气电熨斗出现漏水漏气现象

产生故障的原因大都是控水阀磨损。喷气电熨斗控制水阀是由陶瓷体和钢丝组成，如果钢丝磨损，就会导致水阀泄流。维修时可将其拆出，将陶瓷体用 300 目以上金刚砂仔细研磨，然后按研磨后的孔换上大号的新钢丝，以不泄漏且又能自由滑动为准。

5. 喷气电熨斗的喷气量不足

喷气电熨斗长期使用后，阀门、气室会积有水垢，并使滴水孔结垢，造成喷气不足。维修时，应将电熨斗气室和阀门拆开，清除水垢，或将水垢零件浸入稀醋酸溶液(或食醋)中，待水垢清除后再行装配。拆开后，原用密封脂失效，装配时应重新涂上高温密封脂，即能恢复原有密封性能。

6. 电熨斗漏电

造成电熨斗漏电有以下三种情况。

① 电熨斗受潮。只要通电加热 10min 即可排除。

② 电热元件与壳体相碰。只要由外向内检查相碰之处，把它绝缘起来即可排除。

③ 绝缘材料老化。可更换绝缘体加以排除。对云母版式电热元件漏电，可用垫一块云母片的方法来处理。

7. 电熨斗时热时不热

造成电熨斗时热时不热有以下几种可能的故障。

① 插头、插座接触不良，应整修或更换。

② 电源开关接触不良，用什锦锉修磨触点，矫正走形的触片，使之接触良好，或更换新件。

③ 电源线内部折断，电源线连接电熨斗端因温度较高且弯折频繁而断线，可剪去该处的一段，再用万用表的 R×1 挡检测，检测时适度抖动电源线，若电阻始终为零，则故障已排除，重新接上即可。

④ 电源线连接器接触不良或损坏，应清除污垢，矫正触片或更换。

⑤ 罩壳上的连接器座接线松动，可重新接牢。

⑥ 电热元件引线连接松动，应重新接牢。

8. 电熨斗发热，指示灯不亮

① 灯泡或氖灯是否接触不良，如果接触不良，拧紧或重接即可排除故障。

② 灯丝烧断或氖灯已坏，应更换新品。

③ 分压电阻短路或限流电阻开路，可检查电阻表面是否变化，再用万用表欧姆挡进一步

检测。如电阻已坏，应更换新品即可排除故障。

9. 喷气装置失灵

① 检查滴水嘴是否被水垢部分堵塞，导致滴水量小而蒸气量不足。可用稀醋酸溶液清洗滴水嘴，使水垢溶解。也可用细钢丝疏通，即可排除故障。

② 针阀弹簧失去弹性，滴水嘴不能完全打开，因滴水量小而导致蒸气量不足。应将针阀弹簧拆出，拉长后装回，以增加弹性。如效果不大，应更换新弹簧。

③ 调温旋钮未转到蒸气位置，或各挡温度均低于正常值。因电熨斗温度偏低，造成部分水滴不能汽化，因而，蒸气中带有水滴。可将调温旋钮转到温度较高挡上使用，若调温器转到最高挡后，仍有水滴出现，可考虑调节调温器校温旋钮。

④ 滴水嘴硅橡胶垫老化，出现漏水，更换硅橡胶垫圈即可排除故障。

任务二　电暖器

学 习 目 标

① 了解电暖器的类型。
② 了解电暖器的组成和原理。
③ 电暖气的常见故障及检修。

工 作 任 务

① 区分不同类型的电暖器。
② 各类型电暖器的基本组成。
③ 常见故障及检修。

第1步　认识电暖器

电暖器是利用电能进行加热供暖的取暖设备，也叫取暖器。因为其体积小巧，使用简便，所以成为许多家庭冬季取暖的首选。

随着社会和技术的不断发展，电暖器也出现了很多不同的品种，按照发热原理可以分为以下几类。

1. 电热丝发热体

这种电暖器外形酷似电风扇，利用风扇转动将电热丝通电后产生的热量吹出去，是比较传统的一种电暖器，而且可以像电扇一样自由转动角度，可以向整个房间供暖，但是因功率不大，只适合小房间供暖。

2．石英管发热体

这种类型的取暖器是利用石英辐射管作为电热元件，通电后产生远红外线，当远红外线照射到物体上后被物体吸收，转化成热能，从而达到取暖的目的。该取暖器的优点是升温快速，可以利用开关使部分石英管或全部石英管投入工作，达到不同取暖温度的需求，但因为容易着火，且耗氧，所以在市场上的占有率不高。

3．卤素管发热体

卤素管是一种类似于灯管的发热体，在一根密闭的管子里装有黑钨丝，然后充满卤族元素惰性气体。通电后，产生高能量的光，转化为热量，这种电暖器一般有两到三根卤素管，可调节不同的温度，功率在 900～1200W 左右，可适合在较大一些的房间取暖使用。

4．陶瓷发热体

陶瓷发热体的核心发热元件是电热体和陶瓷经高温烧结而成的一种发热元件，又叫 PTC 电热元件。通电后，PTC 电热元件发热，产生能量取暖。与一般的电热体不一样的是，PTC 电热元件自身温度的高低不同时，其本体的电阻也不一样，利用这个性能就可以让发热体的温度恒定，不会产生过热的现象，具有安全、节能、高效的特点。现在市场上出现了像空调一样的挂壁式陶瓷电暖器，可以实现遥控控制，且美观大方，使用非常简便。

5．电热油汀发热体

电热油汀发热体又叫充油电暖器，其结构是腔体里安装有电热管，电热管周围充满了导热油，当电热管通电加热后，导热油升温，并沿着散热管和散热片不停地流动循环，通过腔体表面将热量散发出去，达到取暖的目的。

电暖器的传热方式有哪些？

第2步　认识电暖器的结构

市场上电暖器的种类繁多，但是随着技术的不断发展，有很多类型的电暖器逐渐被淘汰。下面我们介绍一种现在市面上比较流行的电热油汀取暖器，其外形如图 2.2.1 所示。

电热油汀电暖器的组成如图 2.2.2 所示，电热油汀一般由电热元件、金属散热片、导热油、温控器、功率转换开关、指示灯和小轮组成。

电热油汀一般采用双金属片温控器来控制温度，其结构如图 2.2.3 所示。

图 2.2.1　电热油汀电暖器的外形

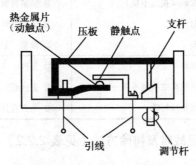

图 2.2.2　电热油汀电暖器的组成

图 2.2.3　电热油汀的结构

电热油汀由支杆、热双金属片、压板和调节杆等几部分组成，通过旋转调节杆改变压板对热动金属片的压力来设定温度，显然压力越大，相应的设定温度越高（最高不超过 100℃）。当达到设定温度时，双金属片发热变形，使动、静触点分开，从而切断加热元件的电源，达到控制温度的目的。

第3步　电暖器的故障及维修

1. 石英管式取暖器的常见故障与检修（见表 2.2.1）

表 2.2.1　石英管式取暖器的常见故障与检修

故障现象	故障原因	检修方法和排除措施
发热管不亮，风扇不转	① 电路断开或接触不良	① 检修并重新装好
	② 开关或插座接触不良	② 修理或更换开关与插座
	③ 熔丝熔断	③ 查明原因后重新接好
	④ 电热丝烧断	④ 更换电热丝或更换整个发热管
辐射效率降低	① 反射罩不清洁	① 擦拭干净
	② 电热丝的阻值增大	② 更换电热丝
	③ 线路因潮湿漏电	③ 检修或换新线

故 障 现 象	故 障 原 因	检修方法和排除措施
外壳带电	① 潮湿 ② 排线过近，绝缘强度降低	① 进行干燥处理，并改变放置地点 ② 移动导线位置，加强绝缘
发热管不亮，但风扇转	① 发热管内的电热丝烧断 ② 发热管两边引出线套与夹，因氧化而接触不良	① 更换电热丝 ② 拆出发热管，用细砂纸磨去氧化膜，重新上好夹牢即可
发热管亮，但风扇不转	① 电动机与风叶打滑 ② 电动机引线端松脱 ③ 电动机绕组损坏 ④ 电动机主轴缺油卡死	① 拧紧固定螺钉 ② 检查并重新上紧或接好脱断线 ③ 重新绕制更换电动机绕组 ④ 拆出主轴进行清洗，或加润滑油重新安装
发热不稳定	① 插座或开关松动（接触不良） ② 电热丝接头打火 ③ 熔丝接触不良	① 插紧并紧固 ② 调整熔丝盒两端金属片，使之接触良好 ③ 修整、紧固电热丝接头
摇摆功能不正常	① 摇摆电动机损坏 ② 摇摆控制开关损坏或接触不良 ③ 摇摆传动机械机构异常	① 更换或修复电动机 ② 更换或修复开关 ③ 是否有异物卡住，检查传动系统

2. 电热油汀电暖气常见故障及排除方法（见表2.2.2）

表2.2.2　电热油汀电暖气常见故障及排除方法

故 障 现 象	造 成 原 因	排 除 方 法
指示灯不亮，散热片不热	① 插头、插座等处接触不良 ② 超温熔断器熔断 ③ 开关接触不良 ④ 调温器限温过低或接触不良	① 调整使其接触良好 ② 更换超温熔断器 ③ 修磨触点，调整触片 ④ 调高限温，若仍不能排除，应对调温器触点进行修磨，并调整触片
指示灯亮，但散热片不热	① 电热元件引线松脱 ② 电热管断线损坏	① 将其重新接好 ② 用万用表电阻挡确认(电阻为无穷大)，然后更换电热管
调温器失灵	① 调温器限位销脱落 ② 动、静触点接触不良	① 重新装配 ② 修磨触点，调整触片
漏油	① 电热元件组装时，法兰未拧紧 ② 橡胶密封环破损 ③ 电热管尾部与法兰连接处有空隙	① 拧紧法兰 ② 更换橡胶密封环 ③ 填塞或焊补空隙
漏电	① 线头碰壳 ② 电源线绝缘损坏而碰壳 ③ 机内进水	① 找到故障点，重新接好 ② 更换电源线或进行绝缘处理 ③ 将水或潮气干燥去除

想一想

如何根据不同的环境来选择合适的电暖器？

任务三　电热毯

学 习 目 标

① 了解电热毯的结构。
② 掌握电热毯的维修方法。
③ 掌握电热毯的常见故障及维修方法。

工 作 任 务

① 电热毯的工作原理。
② 电热毯的维修方法。

项　目　实　施

第1步　认识电热毯的基本结构和原理

电热毯是人们在冬天里经常使用的一种接触式电暖器具，特别适合老人和体质虚弱的人使用，也适合一些患有风湿病痛的人使用，可以减少病痛的发作，其结构如图2.3.1所示。

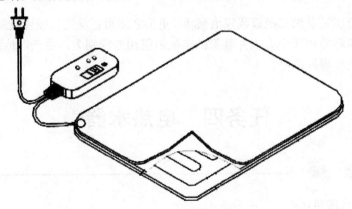

图 2.3.1　电热毯的结构

电热毯是将电热线呈盘蛇状织入或缝入毛毯里而制成，通电后，电热线发热，达到取暖目的。它可以看成是一个毯子裹起来的小电炉。电热线一般是由电热丝和外敷绝缘层组成，而电

热丝一般由合金制作而成，缠绕在耐热芯线上，外敷上耐热树脂。

电热毯在冬季给人们温暖的同时，对身体的危害同样也是比较大的，因为它是直接接触人体，即使是完全绝缘的，但是也有感应电压和感应磁场，长期使用，会导致精神不振、抵抗力下降、不孕不育和一些不良反应，所以对于身体正常者建议不要经常使用。

想一想

如何安全使用电热毯？

第2步　电热毯的常见故障与维修

电热毯由于电路简单，常见故障一般有以下几种。

1. 电热毯通电后不发热

此故障是电热毯的常见故障，应查电源线是否良好；电源插头是否与电源接触良好；电源开关是否良好；发热元件是否损坏。用万用表查电源开关中连接发热元件的端点，若阻值为无穷大，则为发热元件折断，应更换发热元件。

2. 电热毯二极管调温失灵

此故障若表现在低温挡温度仍很高，则说明调温二极管击穿；若表现为只有高温挡没有低温挡，则说明调温二极管断路，此两种情况只要更换同规格的二极管故障即可排除。

3. 电容降压调温电热毯调温失灵

此故障若表现为高、低挡温度均相同，则说明电容短路；若表现为只有置在高温挡才有温度，则说明电容断路，此两种情况只要更换同规格的电容即可。

4. 电热毯指示灯不亮但能正常发热

此故障原因可能是发光二极管或氖泡损坏，更换之即可；发光二极管或氖泡的降压电阻损坏，更换同规格电阻即可（串联或并联型的电阻阻值相差特别大，更换时应注意）；有关接线有虚焊或脱落，重新焊好即可。

任务四　电热水器

学　习　目　标

① 了解电热水器的结构。
② 了解电热水器的工作原理。
③ 掌握热水器常见故障维修。

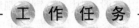

① 认识储水式电热水器的各个组成部分。
② 电热水器的电路工作过程。
③ 热水器常见故障维修。

第1步　认识电热水器的结构

市场上热水器种类繁多，一般可分为四类：燃气热水器、太阳能热水器、储水式电热水器和即热式电热水器。其中，电热水器是用电进行加热的热水器。储水式电热水器在我国经过几十年的发展，技术已经相对成熟，使用的用户也在不断地增加，其外形如图 2.4.1 所示。

图 2.4.1　储水式电热水器的外形

储水式电热水器一般分为封闭式和敞开式。封闭式电热水器的内胆是在有自来水高压的情况下工作，所以须要采用较厚的材料，而且制作工艺也相对要求较高；而敞开式电热水器一般在常压下工作，所以内胆制作工艺要求较低，结构也相对简单。大多数家用的电热水器都是封闭式电热水器，其结构如图 2.4.2 所示。

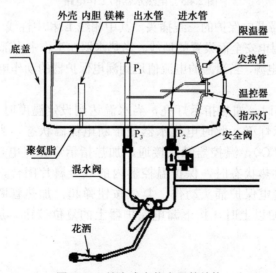

图 2.4.2　储水式电热水器的结构

储水式电热水器主要由内胆、保温层、温控器、发热管和镁棒等组成。内胆是电热水器的核心部件，直接影响到热水器的安全性能、使用性能和使用寿命，所以一般使用不锈钢板制成。保温层直接决定了热水器的保温性能，所以一般使用保温性能非常好的聚氨酯整体发泡而成。温控器的作用是用来控制和设定水温。发热管又叫电加热管，是进行加热的关键元件，其质量直接关系到电热水器的安全。镁棒的作用则是保护内胆，镁棒越大，则保护效果越好，保护时间也越长。

想一想

储水式电热水器的优缺点有哪些？

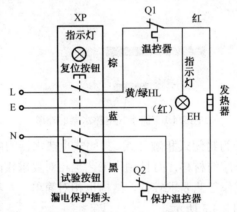

第2步　电热水器的工作电路

电热水器工作过程相对较复杂，而且工作当中的用电安全问题尤为重要，所以有必要了解一下电热水器的电路组成和工作情况，其工作电路如图 2.4.3 所示。

图 2.4.3　电热水器的工作电路

电热水器一般使用带漏电保护的三线插头，其中相线 L 和中性线 N 通过漏电保护插头进入电热水器，E 为保护用电安全而设置的地线。当热水器在工作中内部有元件发生漏电，泄漏电流将通过地线 E 回到电源，当泄漏的电流值达到漏电保护器的动作电流时，漏电保护器就跳闸，电源就切断。

正常工作通电加热时，加热指示灯亮，当水温达到设定温度时（一般为 75℃），温控器触点断开，加热指示灯灭，此时电热水器处于断电保温状态，当水温下降到比预设温度低几度时（一般为 7℃），温控器触点接通，加热指示灯亮，电热水器又进行加热。当电热水器处于干烧或过热状态时，保护温控器内的双金属片闭合，使漏电保护插头上的试验按钮触点短路，漏电保护插头动作，复位按钮弹起，加热管断电，待水温比保护温控器动作的温度低 25℃ 以上时，按下漏电保护器上的复位按钮，加热管通电，热水器又可以正常工作。

想一想

有了漏电保护器是不是就能完全避免漏电事故呢？

第3步 电热水器的常见故障及维修

1. 漏电保护插头自行断电，按下复位键能复位恢复供电

（1）可能的原因

① 通常是由于插座接触不良，异常温升过高所致。

② 闪电、雷击或相邻电器对地漏电等都会让接地线瞬间出现电流，从而触发漏电保护插头动作。

（2）维修的方法

① 更换优质的插座（选插拔力比较大，插头插进去后咬得比较紧的插座）

② 检查漏电保护插头的几只铜插脚，若已发黑，就用细砂纸把氧化层擦去，若插脚变形，应进行修正，三只铜脚应保持与底面垂直，不能弯曲。

2. 出水不热

（1）可能的原因

① 冷热水调节不当。

② 电源未接通。

③ 电加热器损坏。

④ 温控器损坏。

（2）维修的方法

① 适当调节冷热水混水阀的开度。

② 调整电源插头或开关，使其接触良好。

③ 更换电加热器。

④ 修理或更换温控器。

3. 出水温度太高

（1）可能的原因

① 冷热水调节不当。

② 温控器旋钮调节不当或触点粘连。

（2）维修的方法

① 适当调节冷热水混水阀的开度。

② 先对温控器进行调整，然后修理触点，必要时更换温控器。

4. 进水或出水困难

（1）可能的原因

① 脏堵。主要是自来水水质不好，杂质超量，堵住进水口的逆止阀。设有进水滤网的电热水器是因为滤网孔被堵。

② 气堵。

③ 供水压力不正常。

④ 混水阀故障。

（2）维修的方法

① 在确定水压正常后，清理管路，冲击脏物或清洗滤网。

② 将调温器调到最小位置或切断电源，排出蒸气，检修温控器及热水阀脏堵处，进行调整与清洗。

③ 待水压正常后，故障自行消失。

④ 维修或更换混水阀。

任务五　饮水机和豆浆机

学 习 目 标

① 了解饮水机的结构和原理。

② 了解豆浆机的结构和原理。

工 作 任 务

① 饮水机工作过程分析。

② 豆浆机工作过程分析。

第1步　饮水机

饮水机兴起于 20 世纪 90 年代，随着社会的不断发展和人们生活水平质量的不断提高，人们对饮水机的使用越来越多，无论是家庭还是企业，饮水机都能在快节奏的生活和工作中给人们提供方便快捷的冷热纯净饮水。常用的台式饮水机如图 2.5.1 所示。

台式饮水机的内部结构如图 2.5.2 所示，它主要由蓄水桶、阀门、浮体、控水槽、内胆、加热管和开关组成。其中，阀门和浮体是固定相连的，当浮体未被水完全浸没时，阀门位置略微下降，此时放水孔打开，蓄水桶里的水进入控水槽，当浮体被控水槽里的水完全浸没时，阀门位置上升，放水孔被阀门堵住，此时蓄水桶里的水将不能进入控水槽。进入控水槽的水一部分进入内胆，通过加热管进行加热。

图 2.5.1 常用的台式饮水机

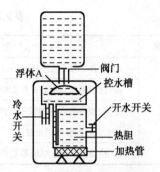

图 2.5.2 台式饮水机的内部结构

台式饮水机的控制电路如图 2.5.3 所示，Q1 和 Q2 为两个常闭温控器，EH 是加热管，FU 为熔断器，VL1（绿）为保温指示灯，VL2（红）为加热指示灯，VD1 和 VD2 为二极管，R1 和 R2 为指示灯保护电阻，S 为手动加热开关。

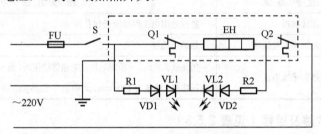

图 2.5.3 台式饮水机的控制电路

电路分为两路：一路是 EH、VL2、VD2、Q2 和 R2 构成的加热回路；另一路是 Q1、R1、VL1 和 VD1 构成的保温回路。当按下开关 S 后，Q1 和 Q2 还是处于闭合状态，由于 Q1 闭合，将 R1、VD1 和 VL1 构成的保温回路短路，而加热回路工作，EH 开始加热，加热指示灯 VL2（红）亮，当饮水被加热到设定温度值时，温控器 Q1 自动断开，保温回路被接入电路中工作，保温指示灯 VL1（绿）亮，而加热回路中的 EH、VL2、VD2 和 R2 的电压下降，VL2 因工作电压不足而熄灭，而 EH 加热功率变小，此时处于保温状态，当水温下降到某一设定值后，Q1 又闭合，加热回路又正常工作。当饮水机温度过高或发生短路故障时，FU 将自动熔断，对饮水机形成保护，若让饮水机重新工作，则要重新更换熔断器。

想一想

温控器 Q1 和 Q2 的各自作用是什么？

第2步 饮水机的故障及维修

1. 整机无电的故障及维修（见表2.5.1）

表2.5.1　整机无电的故障及维修

故障现象	产生原因	维修方法
整机无电（不加热、不制冷）	① 检查电源与插座接触是否可靠	有松脱，重新插紧连接
	② 检查电源插座是否有220V交流电源	用万用表检测，看表头是否有数值
	③ 检查机器内电源线接插件是否脱落，由于运输震动，易造成电源线插件端子松脱	打开背板，插紧松脱的插件
	④ 检查机器的总熔断器是否烧坏	更换熔断器

2. 漏电的故障及维修（见表2.5.2）

表2.5.2　漏电的故障及维修

故障现象	生产原因	维修方法
漏电	① 电源线破损	破损处用电工绝缘胶带包扎好
	② 电源插座未接地线	加装接地线
	③ 电热管绝缘不良	用兆欧表检测，一根表笔接在电热管绕组端，另一根表笔接在电热管外壳上，打压检测（转速为120r/min），阻值大于2MΩ，说明电热管正常，否则须更换

3. 漏水的故障及维修（见表2.5.3）

表2.5.3　漏水的故障及维修

故障现象	生产原因	维修方法
水龙头漏水	① 密封圈变形或老化	更换密封圈
	② 水龙头脱丝旋不紧	更换水龙头
	③ 水龙头盖松脱，未旋紧	旋紧水龙头
	④ 胶塞老化、脱落，拉杆断	更换胶塞、拉杆
单向阀漏水	① 密封圈变形或老化	更换密封圈或单向阀
	② 两端胶管松脱	用尼龙扎扣扎紧
冷胆漏水	① 进水管两端未接牢固或破裂	整理或更换胶管
	② 冷胆内部漏水	更换冷胆
热罐漏水	① 进、出水管两端未接牢	整理或更换胶管
	② 热罐或排气钢管有裂缝	更换热罐或上盖
排水管漏水	冷、热罐排水管胶帽松脱、破裂，或弹簧卡脱落	整理或更换排水管帽或弹簧夹
顶部漏水	水平漏水或配NA净水器时，其浮阀不能关闭	更换水瓶或调整NA净水器浮阀

4. 制热系统的故障及维修（见表2.5.4）

表2.5.4 制热系统的故障及维修

故障现象	产生原因	维修方法
制热差	① 温控器数值不符合规定	要求选用89℃温控器
	② 温控器装配不当或烧坏	整理或更换温控器
不制热	① 电源插件脱落	修理或更换接插件
	② 加热开关损坏	更换开关
	③ 电热管烧坏	更换电热管
	④ 温控器烧坏	更换温控器
	⑤ 保护温控器未手动复位：由于运输震动、干烧等原因引起	手动复位（用万用表电阻挡检测，阻值为零即已复位）

5. 制冷系统的故障及维修（见表2.5.5）

表2.5.5 制冷系统的故障及维修

故障现象	产生原因	维修方法
制冷差	① 背面是否紧贴墙壁	因散热不佳，降低制冷效果，应放置于适当的地方或调整周围环境
	② 阳光暴晒	
	③ 室温过高	
	④ 电源电压过低	使用变压器增压到220V
不制冷	① 电源插件松脱	修理或更换接插件
	② 温控板或开关电源的熔断器烧坏	更换熔断器（1.5A）
	③ 交流变压器烧坏	更换变压器
	④ 整流板烧坏	更换整流板
	⑤ 直流风机烧坏	更换直流风机
	⑥ 制冷片脱落或损坏	整理或更换制冷片
	⑦ 散热片紧固螺钉松动	拆下风扇，将螺丝旋紧
	⑧ 漏 R12：不合理使用造成制冷管道系统（如冷凝器、毛细管）破损	焊接破损处，补充R12
	⑨ 压缩机不运转	修理或更换压缩机

6. 指示灯异常的故障及维修（见表 2.5.6）

表 2.5.6　指示灯异常的故障及维修

故 障 现 象	产 生 原 因	维 修 方 法
红灯不亮	① 接插件松脱	整理或更换接插件
	② 保护温控器未复位	手动复位
	③ 发光二极管烧坏	更换发光二极管
	④ 限流电阻烧坏	更换限流电阻
绿灯不亮	① 变压器输入端熔断器烧坏	更换熔断器
	② 发光二极管烧坏	更换发光二极管
	③ 限流电阻烧坏	更换限流电阻
	④ 接插件松脱	整理或更换接插件
	⑤ 水温低于 5℃	非故障
绿灯常亮不灭	① 风扇损坏	更换风扇
	② 制冷片效力变差	整理或更换制冷片
	③ 环境温度过高，不能达到转换保温状态	非故障
	④ 热敏电阻损坏	更换热敏电阻或冷胆

7. 其他的故障及维修（见表 2.5.7）

表 2.5.7　其他的故障及维修

故 障 现 象	产 生 原 因	维 修 方 法
噪声大	① 排气通道不畅	清理背板进出风口
	② 直流风扇噪声大	修理或更换直流风扇
	③ 压缩机噪声大	修理或更换压缩机
	④ 电热管结垢	除垢处理或更换热罐
冒蒸气	① 排气阻尼管排气不畅	更换排气阻尼管
	② 温控器装配不良或损坏	整理或更换温控器
水龙头不出水	热罐、冷胆进水胶管有气泡堵塞或单向阀堵塞	排除气泡或更换进水单向阀
出水胶管扭曲	整理或更换胶管	
聪明座未旋到位，排气不畅	调整聪明座安装到位	

第3步　豆浆机

　　豆浆是一种营养价值非常高健康食品，长期饮用可以增强人们的身体素质，预防诸多疾病。近年来，随着人们对健康生活越来越重视，很多人都选择购买豆浆机在家里自制豆浆，市场上也出现了很多品牌的豆浆机，大部分都是采用微处理器控制的全自动豆浆机，使得制作豆浆的过程方便、快捷、安全且更加营养。全自动豆浆机的外形如图 2.5.4 所示。

全自动豆浆机的结构如图 2.5.5 所示。

图 2.5.4 全自动豆浆机的外形

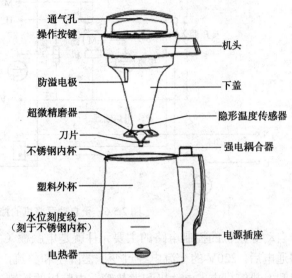

图 2.5.5 全自动豆浆机的结构

豆浆机主要由机头、防溢电极、温度传感器、刀片、杯体和电热器等部件组成。

（1）机头

它是豆浆机的关键部分，里面安装了电动机和控制电路，机头上还有操作按键、防溢电极和刀片等关键部件。其中，电动机的性能好坏连同刀片，直接决定了豆子的粉碎程度和豆子出浆率的高低。而控制电路能够使豆浆机自动进行预热、打浆、煮浆和延时熬煮。

（2）防溢电极

它的作用是防止豆浆沸腾后溢出，一般使用前要清洗干净。

（3）温度传感器

因为豆浆机在打浆之前要先进行预热，当杯体内的水预热到某一设定值后才会开始打浆，所以温度传感器的作用就是用来检测杯体内的水温是否达到预设值。

（4）刀片

刀片一般采用高硬度的不锈钢材料制作成带有一定倾斜角度的螺旋状，这样刀片在旋转起来后，形成一个立体空间，可以让豆子的搅碎效果更好。

（5）杯体

杯体由内杯和外杯构成，外杯一般是塑料制成的，内杯一般是由不锈钢材料制成的。杯子外面标有刻度线，方便人们掌握加水的量。

（6）电热器

电热器又叫发热管，作用就是加热豆浆，一般采用不锈钢材料制成，且电热器元件表面都会经过处理，使其不易粘贴食物，便于清洗。

全自动豆浆机的控制电路如图 2.5.6 所示。

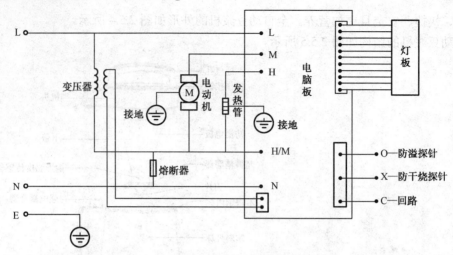

图 2.5.6　全自动豆浆机的控制电路

全自动豆浆机的控制电路的主要元件就是电脑板（微处理器）、变压器、电动机和发热管。当电路通电后，220V 的交流电经过变压器降压和整流，输出 12V 左右的直流电压，给电脑板、电动机和发热管供电，电动机和发热管在电脑板的控制下进行转动打浆和加热，并且通过灯板来显示此时所处的工作状态。通过防溢探针来探测豆浆是否有溢出，通过防干烧探针来探测是不是机内无水或水量太少。

想一想

豆浆机进行清洗时能否清洗机头？

第4步　豆浆机的故障及维修

1. 豆浆机插上电源不通电没反应

① 电路发生短路，引起熔断器损坏。
解决方法：更换熔断器。
② 电压过高或机内进水，导致变压器低级线圈破损。
解决方法：更换变压器。
③ 电脑板受潮，稳压管支脚生锈断裂或破损。
解决方法：更换电脑板。
④ 电源插座接触不良，或插头不牢。
解决方法：插好插头。

2. 豆浆机指示灯亮，但却无法运作

① 电脑板受潮，从而引起继电器失灵。
解决方法：更换电路板。

② 使用不当，导致机内进水，引起电脑板短路。

解决方法：使用吹风机吹干电脑板和机内水分。

3. 接上电源，但是豆浆机无法发出报警声

① 使用长久，蜂鸣器老化损坏。

解决方法：更换蜂鸣器。

② 电脑板受潮，芯片出问题。

解决方法：更换电脑板。

③ 使用不当，导致机内进水，引起电脑板短路。

解决方法：使用吹风机吹干电脑板和机内水分。

④ 变压器二次侧插头与电脑板接触不良。

解决方法：检查变压器二次侧插头和电脑板是否接好。

⑤ 连续使用时间过长，变压器烧坏。

解决方法：更换变压器。

4. 豆浆机通电，但是无法加热

① 电脑板受潮，稳压管支脚生锈断裂或破损。

解决方法：更换电脑板。

② 使用不当，导致机内进水，电脑板局部短路。

解决方法：使用吹风机吹干电脑板及机内水分。

5. 豆浆机通电，可以加热，但是电动机不运转

① 机器内串激电动机受潮，线圈发生短路。

解决方法：更换串激电动机。

② 继电器不能吸合或支脚断裂。

解决方法：更换继电器。

③ 连续使用时间长，导致串激电动机的温度过高。

解决方法：关闭开关，暂停使用，慢慢冷却电动机。

④ 使用不当导致机内进水，电脑板局部短路。

解决方法：用吹风机吹干电脑板及机内水分。

做一做

实训二　常用电热器具的结构与维修

1. 实验目的

① 了解常见电热器具的种类。

② 掌握常见电热器具的结构。

③ 培养分析解决问题的能力和动手实践的能力。

2. 实训器材

实训器材包括常见电热器具若干、万用表、工具一套。

3. 实训步骤

① 认识常见电热器具的内部结构组成。

② 检测常见电热器具的元件。

③ 维修并更换损坏元件。

④ 将电热器具组装起来并调试功能。

4. 注意事项

① 爱护实验设施，把实训当成实战，严格按老师要求去做，以免损坏设备。

② 在设备拆装过程中，严禁通电，以免触电。

③ 在拆设备的时候，一定要做记录，因为拆开是为了了解它或修好它，一定要考虑能装回去，以免装错或漏装。

5. 实训评价

内　容	要　求	评分标准	得　分
电热器具内部结构（40分）	认识电热器具内部元件	每错一个扣5分	
检测元件（30分）	能正确检测出已损坏元件并更换	每错一处或少一处扣5分	
组装调试（20分）	能将电热器具组装还原并能正常工作	无法组装还原扣10分，无法正常工作扣10分	
安全文明生产（10）	安全文明操作	违反者视情况扣3～10分	

习　题

1. 电熨斗有哪些常见类型？

2. 电熨斗由哪些元件构成？它是如何工作的？

3. 电暖器有哪些常见类型？

4. 双金属片是如何控制温度的？

5. 请说明电热水器中的漏电保护器的功能和作用。

6. 饮水机中的两个温控器起什么作用？

7. 请说明豆浆机的组成和工作原理。

项目三

常用厨房电器

项目简介

该项目介绍了一些家庭常用的厨房电器，通过对这些电器的结构和电路的认识来掌握这些电器的基本工作原理，学会对简单的故障进行检测和维修。

任务一　电饭锅

第1步　电饭锅的基本结构

电饭锅是厨房中最常用的电热器具之一，是人们进行蒸煮的主要工具。电饭锅的组成如图 3.1.1 所示。

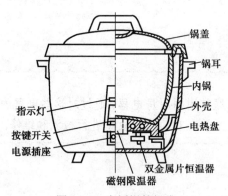

图 3.1.1　电饭锅的组成

1. 电饭锅的主要部件

（1）电热盘

电热盘是电饭锅的加热元件，其作用就是给放在电热盘上的内锅进行加热。

（2）磁钢限温器

在项目一中已经介绍了磁钢限温器的功能，就是当达到居里点时（103℃），磁钢失去磁性，产生动作，切断电源，从而起到限温的作用。

（3）保温开关

保温开关又称双金属片恒温器，主要由双金属片构成，当温度达到 70～80℃时自动断开，温度低于 70℃时又自动闭合。

（4）指示灯

通过两个不同颜色的 LED 来指示此时电饭锅所处的状态。

（5）内锅

一般采用纯铝板拉伸铸造而成，内壁涂有一层四氟乙烯涂层，使得内锅清洗时不容易粘锅。底部做成圆弧形，使其更好地与电热盘相贴合，从而提高加热的效率。

2．不同种类的电饭锅

（1）保温式电饭锅

当饭煮熟后，保温式电饭锅的煮饭电源自动断开。当温度下降到 70℃以下时，保温开关自动接通；当温度上升到 70℃以上时，保温开关又自动切断，如此循环达到保温的目的。

（2）定时启动式

定时启动式电饭锅可以对电饭锅开始煮饭的时间进行定时，一般范围在 12h 以内，饭煮好后也能自动保温。

（3）电脑控制式

电脑控制式电饭锅采用单片机进行程序控制，使得电饭锅的功能和控制能力更加强大和复杂。

想一想

电饭锅是如何进行控温和保温的？

第2步　电饭锅的工作电路

电饭锅种类繁多，电路各有不同，但是基本的工作电路都差不多。

一个自动电饭锅的工作电路如图 3.1.2 所示。

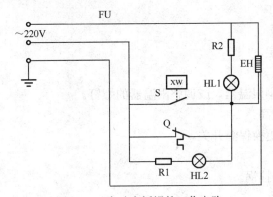

图 3.1.2　自动电饭锅的工作电路

S 为手动按键，XW 为磁钢限温器，EH 为电热盘，Q 为保温开关，HL1 为红色加热指示灯，R2 为指示灯电阻，HL2 为黄色保温指示灯，R1 为指示灯电阻，FU 为超温熔断器。

其工作过程如下：接通电源后，按下手动按键 S，此时 R1 和 HL2 组成的保温电路被短路，而电热盘 EH 正常工作，给内锅进行加热，加热指示灯 HL1 红灯亮，当温度加热到 103℃后，磁钢限温器 XW 失去磁性，从而将 S 断开，此时保温电路被接入电路，保温指示灯 HL2 黄灯亮，而电热盘两端的电压下降，导致 HL1 因电压太低而熄灭，电热盘功率变小，只能起保温的作用。当温度下降到 70℃以下时，保温开关 Q 闭合，保温电路又被短路，电热盘两端电压升高，电热盘又继续正常加热，加热指示灯 HL1 又亮，当加热到 70℃以上时，保温开关 Q 又自动断开，保温电路被接入电路，电热盘功率又变小，如此循环，达到保温的功能。

超温熔断器的功能是电饭锅出现故障导致锅体温度超过 150℃时可以及时熔断，防止烧坏电饭锅。

想一想

分析一下电饭锅电路的具体工作过程。

第 3 步　电饭锅常见故障、维修及使用注意事项

1. 电饭锅的常见故障与维修

电饭锅结构简单，拆装比较容易，所以出现了一些故障，可以自己拆开进行维修。下面针对不同的故障现象，简单介绍一下故障原因和维修方法。

（1）煮饭不熟

① 发热盘或内锅变形。

维修方法：更换发热盘或内锅。

② 发热盘与内锅之间有异物。

维修方法：检查并清除异物。

③ 磁钢限温器组件不良。

维修方法：检查微动开关，看是否为机械性能不良，若无法修复可更换。

（2）煮焦饭

① 涂层破坏。

维修方法：修补涂层。

② 磁钢限温器失灵。

维修方法：更换磁钢限温器，或调整限温器的螺钉。

③ 保温开关调温过高。

维修方法：调整或更换保温开关。

（3）烧熔断器

① 内锅变形，内锅挂锅。

维修方法：更换内锅。

② 发热盘与内锅之间有异物。

维修方法：检查并清除异物。

③ 元件短路。

维修方法：更换元件。

（4）无法自动保温

① 保温开关设置的保温温度过低。

维修方法：更换保温器。

② 双金属片触点弹性性能减弱。

维修方法：调整触点间的距离。

2. 电饭锅的使用注意事项

① 电饭锅切忌磕碰以免其变形，尤其内锅锅底和电热板板面不能磕碰，否则会因凹凸不平接触不好，从而影响电饭锅的热效率。

② 应将食物先放入锅内盖上盖后再接通电源；取出食物前务必先断开电源，以确保安全。

③ 不可取出内锅再接通电源，或无内锅通电电热盘（有过热烧毁的危险）。

④ 不宜煮酸、碱类食物，也不要将其放置在潮湿、有腐蚀性气体的环境使用，以免损坏机件，发生故障。

⑤ 内锅外壳及电热盘切忌浸水，电器元件装在锅体内下部，只能在切断电源后用干布抹净，内锅经洗涤后，须用布将锅底的水分擦干。

⑥ 切勿用其他器皿替代内锅放在电热盘上加热。

⑦ 不要随意拆卸电饭锅的电器部件，以免影响电饭锅的性能和使用效果。

⑧ 应经常检查电源插座和电源线是否有破损，以防漏电发生事故。

想一想

在使用电饭锅的过程中还有没有出现过其他问题？该如何解决？

任务二 电烤箱

学 习 目 标

① 认识电烤箱的基本结构。

② 了解电烤箱的工作电路。

③ 学会分析和检修电烤箱故障。

工 作 任 务

① 电烤箱的工作过程。

② 电烤箱的故障与维修。

第1步　电烤箱的基本组成、分类及功能

电烤箱又称为电烤炉，其外形如图 3.2.1 所示，可用来进行糕点、肉类和面包的烘烤，是家庭常用的电热器具。

图 3.2.1　电烤箱的外形

电烤箱按照加热元件工作性质的不同可分为两类：电阻丝电烤箱和远红外线电烤箱。这两种烤箱的结构与组成非常相似，主要的不同之处在于电阻丝电烤箱的发热元件是电阻丝，利用电阻丝通电后的热辐射来对食物进行烘烤，而远红外线电烤箱是用远红外加热管产生远红外线进行加热，由于远红外线的穿透能力强，被烘烤的食物表面和内部都可以得到有效的加热，所以加热效率相比于电阻丝电烤箱来说要高很多。

1. 远红外线电烤箱的结构

（1）箱体

箱体由内箱体和外箱体构成，外箱体和内箱体一般都是由不锈钢板冲压而成，内外箱体之间填充了隔热保温材料，外箱体表面进行烤漆处理，内箱体则要进行镀铬处理，以保持内箱体表面的光亮，提高热效应。

（2）电热元件

电热元件采用远红加热管或远红外石英玻璃加热管，如图 3.2.2 所示。远红外石英玻璃加热管使用经特殊工艺加工的乳白石英玻璃管，里面填充电阻合成材料作为发热子，通电后，管内温度升高，使发热子震动，产生 $2.5 \sim 25 \mu m$ 的远红外辐射光线，因为其外形洁净、无有害辐射、无环境污染、体积小、热效率高，所以被广泛使用。电烤箱一般使用两组加热管，一组装在烤箱的顶部，作为上加热器；一组装在烤箱的底部，作为下加热器。可在电烤箱的控制面板上选择上加热或下加热，或者同时加热。

（3）双金属片温控器

双金属片温控器通过双金属片来控制触点的通断，来达到恒温的目的。

（4）定时器

使用钟表结构的定时器如图 3.2.3 所示。走发条时，电路接通，发条走完后，触点分开，电路断开，同时发出声音，提醒用户。

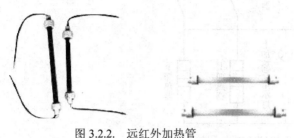

图 3.2.2. 远红外加热管

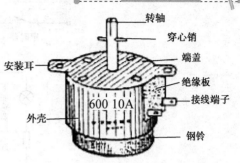

图 3.2.3 使用钟表结构的定时器

2. 电烤箱的分类及功能

（1）分类

① 按所用电热元件分为普通型和远红外型。

② 按有无自净功能分为自净型和非自净型。自净功能是指能自动将箱内汤汁污垢变为可以方便拭去的轻灰。

（2）功能

① 上火、下火既能分别单独开也能同时开。

② 定时设置通常为 0～60min 可调，有的还有始终加热挡。

③ 温度控制在 100～250℃可调，有的还有 40～100℃的低温挡。

④ 有些烤箱有旋转叉架，可以用来烤整鸡，有的烤箱下面有旋转托盘。烤箱的外观应该密封良好，减少热量散失。开门大多是从上往下开，不能太紧，以免太热的时候用力打开容易烫伤，也不能太松，以免掉下来砸坏玻璃门。烤箱内部应该有至少三个烤盘位置，能分别接近上火、接近下火和位于中间。

想一想

电烤箱各组成部分及其各自的作用是什么？

第2步 电烤箱的工作电路

电烤箱的工作电路如图 3.2.4 所示，主要由定时器、调温器、转换开关和上下加热器组成。

通电使用时，将定时器旋转到某一时刻设定好加热时间，再将调温器旋转设置好加热温度，此时定时器的触点和调温器的触点都处于接通状态，最后通过转换开关选择上加热、下加热、全加热或全断电四种工作状态，同时相应的指示灯亮。当箱内温度达到预设值后，双金属片调温器触点断开，加热指示灯熄灭，当温度下降到某一值后，调温器触点又闭合，加热器工作，加热指示灯亮，如此循环来保证箱内的恒温。当加热到预设时间后，定时器触点断开，电路被切断，同时发出铃声表示烘烤结束。

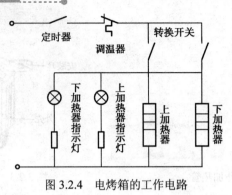

图 3.2.4 电烤箱的工作电路

你见过电烤箱还有什么其他功能？这些功能在电路上如何实现？

第3步 电烤箱常见故障及使用注意事项

1. 电烤箱的常见故障

电烤箱在工作时温度非常高，所以放置电烤箱时要与墙壁周围保持 10cm 以上的距离，以利于通风散热，且在工作时人手切勿触摸箱体。清洗时，只能用软布擦拭，不能用水直接清洗，否则电气元件很容易受潮。

下面针对电烤箱出现的不同故障现象，分析一下可能产生的原因及相应的维修方法。

（1）加热指示灯亮，但是箱内不热

① 电热元件烧坏。

维修方法：用万用表检查并排除。

② 调温器触点烧坏。

维修方法：检查修理，或更换调温器。

③ 转换开关接触不良。

维修方法：检查修理触点，或更换转换开关。

（2）有漏电现象

① 电气元件受潮。

维修方法：将电气元件晒干或烘干。

② 带电体与壳体接触。

维修方法：找出漏电处，用绝缘胶布包裹，接好地线。

（3）通电时熔丝被烧断

① 熔丝的熔断电流太小。

维修方法：更换合适的熔丝。

② 电热元件与壳体短路。

维修方法：更换短路元件。

（4）加热温度失控

① 调温器螺钉松动。

维修方法：将螺钉拧紧。

② 调温器触点熔接在一起。

维修方法：更换调温器。

③ 双金属片失灵。

维修方法：重新校准或更换双金属片。

（5）烤焦食物

① 电压过高。

维修方法：加稳压器。

② 调温器失灵。

维修方法：检修或更换调温器。

③ 定时器失灵。

维修方法：检修或更换定时器。

④ 食物与箱壁靠得太近。

维修方法：放食物时，要注意与箱壁四周保持一定的距离。

（6）烘烤的食物成色不均

① 上加热器或下加热器之一损坏。

维修方法：用万用表检测并更换加热器。

② 食物放置不合理。

维修方法：食物摆放要均匀，不能叠放过厚。

（7）烘烤时间过长

① 电压过低。

维修方法：加稳压器。

② 有部分电阻丝烧坏。

维修方法：用万用表检测找出烧坏的那段电阻丝并更换。

③ 定时器失灵或不准。

维修方法：检测并重新校准，或者更换定时器。

④ 箱内水分过多。

维修方法：排除箱内水分，并注意保温。

2．电烤箱的使用注意事项

① 使用电烤箱要注意安全。电烤箱是大功率的家用电器设备，应特别注意用电安全。应检查电能表及电线的负载能力，电能表功率小于电烤箱功率时是不能使用的，电线负载能力小或有破损也是不能使用的。电烤箱外壳应妥善接地。

② 要烤制的食品应事先调制好，并按食品性质和烤制要求分别放入烤盘或烤网中，然后放入烤箱。参照说明书确定所用时间和温度，把相应的旋钮转到适当的位置。

③ 烤制升温有两种方法。一种是箱内先升温到一定温度后，再放入食品；一种是将食品放入箱内，再升温烤制。前者食品烤好后含水分较多，适于烤制外焦里嫩的食品；后者食品失

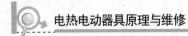

水分较多,适于烤制较脆食品。可根据实际情况选定升温方法。

④ 注意通过电烤箱门上的玻璃观察窗观察食品烤制情况。有些电烤箱的托盘带有微电动机,可自动转动使食品烤得均匀。有些没有微电动机,烤制食品需人工翻动,否则会一面烤焦了,而另一面未烤熟。可通过观察窗观看,如看到一面已烤好,即断电开箱,用叉子将食品翻一面。注意勿将水滴溅到玻璃窗上,以免爆裂。

⑤ 食品烤好后,应先切断电源。取烤盘时,手不要碰触箱内胆和管状加热器,防止烫伤。

⑥ 烤箱每次使用完毕,应对内胆、烤盘、烤网等进行擦试、清洗。内胆应用干布擦试,烤盘烤网可取出清洗,再用干布擦干。箱门、箱壳也要擦试干净。

想一想

在电烤箱的使用过程中还有没有其他故障?如何判断故障并维修?

任务三 微波炉

学 习 目 标

① 了解微波炉的基本组成。
② 了解微波炉电路的组成和各元件的作用。
③ 学会判断微波炉的故障及维修。

工 作 任 务

① 磁钢限温器和保温器的作用。
② 掌握微波炉的工作原理和维修方法。

项 目 实 施

第1步 认识微波炉的结构

1. 微波炉的结构

微波炉是利用食物在微波场中吸收微波能量而使自身加热的烹饪器具,如图 3.3.1 所示。微波炉的微波发生器产生微波,在炉内建立起微波电场,并采取一定的措施,使微波电场在炉内均匀分布,将食物放进该微波电场中,由控制中心控制其烹饪时间和微波电场强度,从而进行各种食物的烹饪。

微波是一种电磁波,且能量比无线电波要大得多。微波的特点是碰到金属就发生反射,金属不能吸收或反射微波，但是微波可以穿过玻璃、陶瓷和塑料等绝缘材料，但是不会消耗能量，如果碰到水分，微波不能穿过，将会被水吸收。利用微波的这个特性，微波炉的外壳都是用金属制成的，可以防止微波从炉内逃出，以免影响人体的健康。而盛装食物的容器都要用绝缘材料制成。

相比于其他厨房电器，利用微波炉烹饪的热效率高，因为微波是直接深入食物的内部产生热量进行加热，所以烹饪速度比其他厨房电器的烹饪速度快4～10倍，而且由于烹饪时间短，能很好地保持食物的维生素和天然风味。此外，微波还具有消毒的作用。

微波炉的结构如图 3.3.2 所示。

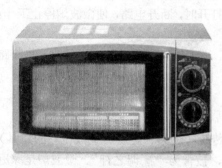

图 3.3.1　微波炉

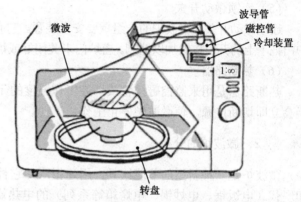

图 3.3.2　微波炉的结构

（1）炉腔

炉腔是一个微波谐振腔，是把微波能变为热能对食品进行加热的空间。为了使炉腔内的食物均匀加热，微波炉炉腔内设有专门的装置。最初生产的微波炉是在炉腔顶部装有金属扇页，即微波搅拌器，以干扰微波在炉腔中的传播，从而使食物加热更加均匀。目前，则是在微波炉的炉腔底部装一只由微型电动机带动的玻璃转盘，把被加热食品放在转盘上与转盘一起绕电动机轴旋转，使其与炉内的高频电磁场做相对运动，从而达到炉内食品均匀加热的目的。国内独创的自动升降型转盘，使得加热更均匀，烹饪效果更理想。

（2）炉门

炉门是食品的进出口，也是微波炉炉腔的重要组成部分。对它要求很高，既要求从门外可以观察到炉腔内食品加热的情况，又不能让微波泄漏出来。炉门由金属框架和玻璃观察窗组成。观察窗的玻璃夹层中有一层金属微孔网，既可透过它看到食品，又可防止微波泄漏。由于玻璃夹层中的金属网的网孔大小是经过精密计算的，所以完全可以阻挡微波的穿透。

为了防止微波的泄漏，微波炉的开关系统由多重安全连锁微动开关装置组成。炉门没有关好，就不能使微波炉工作，微波炉不工作，也就谈不上有微波泄漏的问题了。

为了防止在微波炉炉门关上后微波从炉门与腔体之间的缝隙中泄漏出来，在微波炉的炉门四周安有抗流槽结构，或装有能吸收微波的材料，如由硅橡胶做的门封条，能将可能泄漏的少量微波吸收掉。抗流槽是在门内设置的一条异型槽结构，它具有引导微波反转相位的作用。在抗流槽入口处，微波会被它逆向的反射波抵消，这样微波就不会泄漏了。

由于门封条容易破损或老化，而造成防泄作用降低，因此现在大多数微波炉均采用抗流槽结构来防止微波泄漏，很少采用硅橡胶门封条。抗流槽结构是从微波辐射的原理上得到的防止微波泄漏的稳定可靠的方法。

（3）磁控管

磁控管是微波炉的心脏，微波能就是由它产生并发射出来的。磁控管工作时需要很高的脉动直流阳极电压和 3～4V 的阴极电压。由高压变压器及高压电容器、高压二极管构成的倍压整流电路为磁控管提供了满足上述要求的工作电压。

（4）定时器

微波炉一般有两种定时方式，即机械式定时和电脑定时。基本功能是选择设定工作时间，设定时间过后，定时器自动切断微波炉主电路。

（5）连锁微动开关

连锁微动开关是微波炉的一组重要安全装置。它有多重连锁作用，均通过炉门的开门按键或炉门把手上的开门按键加以控制。当炉门未关闭好或炉门打开时，断开电路，使微波炉停止工作。

（6）热断路器

热断路器是用来监控磁控管或炉腔工作温度的元件。当工作温度超过某一限值时，热断路器会立即切断电源，使微波炉停止工作。

2．微波炉的分类

微波炉是一种新型的节能饮具，用途很广，它替代传统（烧柴、烧煤、烧液化气的灶具）和现代（电饭锅、电炒锅、电烤箱等系列）的电热炊具，被誉为"烹调之神"。微波炉是家庭食品加热、菜肴烹调、冷冻食品解冻的理想器具。

微波炉种类很多，通常可以按频率、结构、控制方式、功能等进行分类。

（1）按频率分类

微波炉按频率分为 2450MHz 微波炉和 915MHz 微波炉。2450MHz 微波炉多用于工商业部门作烘烤、干燥、消毒物品等；915MHz 微波炉多用于家庭作烹调、解冻和食物的再加热等。

（2）按结构分类

微波炉按结构分为柜式微波炉和台式微波炉。柜式微波炉容量大，输出功率一般在 1000W 以上；台式微波炉容量小，输出功率一般在 1000W 以下，可放在灶台上或嵌入柜中。

（3）按控制方式分类

微波炉按结构分为普及型微波炉和电脑控制型微波炉。普及型微波炉配有计时装置、功率调节装置等；电脑控制型微波炉可按预定完成解冻、满功率加热、中功率加热、保温甚至烧烤等功能。

（4）按功能分类

微波炉按功能分为单功能型微波炉和复合型微波炉。单功能型微波炉只有加热功能，可用于食物的再加热、冷冻食物的解冻及食物的加热烹调等；复合型微波炉在单功能型的基础上增加了加热元件，利用热辐射原理加热食品，使微波炉在微波加热功能外，又增加了烧烤、烘制等功能。

想一想

微波是如何加热食物的？

第2步　微波炉的电路组成

微波炉的所有功能都是由电路来控制的，所以微波炉的控制电路是其核心部件，了解微波炉电路的组成对于微波炉的检测和维修都是非常重要的。典型的微波炉控制电路如图 3.3.3 所示。

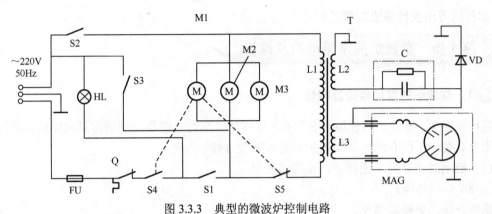

图 3.3.3　典型的微波炉控制电路

①　FU：熔断器。微波炉常用熔断器的规格是 8A，外形大号，限制整机电流。比较特别的是当 S1、S2 损坏、短接时，S3 接通烧断熔断器。此熔断器可防止微波炉未关闭炉门时工作。

②　Q：热保护器。热保护器用于温度保护，一般安装在磁控管外壳上面，监控磁控管温度，防止温度过高损坏磁控管。

③　S4：定时器开关。在功率控制总成内，是整个微波炉是否工作的总电源开关。炉灯是好的，旋动定时器，灯必须亮。否则，说明功率控制定时器损坏了。

④　S1、S2：门锁监控开关。防止微波炉泄漏。当炉门关闭不严，有异物卡住的时候，微波部分不工作。

⑤　S3：连锁监控开关。当 S1、S2 损坏、短接时 S3 接通烧断保险，以防止微波炉未关闭炉门时工作。

⑥　S4、S5：功率控制器内部两个独立开关。S4、S5 是单独受控的，在功率控制时，串联工作。

⑦　M1：火力调节电动机。M1、S4、S5 组成了功率控制总成。通过 M1、工作电动机带动齿轮，通过凸轮控制 S4、S5 的通断。

⑧　M2：转盘电动机；M3：风扇电动机。M2、M3 和大功率变压器一次绕组并联，也就是说它们和磁控管供电同时通断。

⑨　L1、L2、L3：组成了大功率升压变压器。L1 是大功率变压器一次绕组，接220V 交流。L2 是大功率变压器二次绕组，输出 2000V 左右交流高压，其一端接变压器铁芯，也就是外壳，另一端单独接高压电容一端。L3 是大功率变压器另外一组二次绕组，输出 4V 左右的交流电压。给磁控管阴极灯丝供电。

⑩　C：高压电容。高压电容规格是 1μF（有的是 0.91μF），耐压 2100V 交流。内部并联了一个 10MΩ 的电阻。这样用万用表测量电容两端阻值时就不是无穷大，而是 10MΩ。

⑪　VD：高压二级管。一端通过螺钉接微波炉金属外壳，另一端通过插头接电容一端。

⑫ MAG：磁控管。磁控管是一个整体，两个插头接通外电路，外壳也是电路的一端。它是微波炉易损件，损坏了就要整体更换。

如何用万用表检测磁控管的好坏？

第3步　微波炉的常见故障及维修

1．微波炉的常见故障及维修

现代家庭中，微波炉的使用率非常高，这样使得学习一些微波炉的常见故障的判断与维修显得十分必要。下面介绍一下微波炉常见故障及维修。

（1）启动时无灯亮，无声音，无微波发射

① 8A 熔丝熔断。

维修方法：更换新熔丝。

② 连锁开关未闭合或门钩损坏。

维修方法：检查连锁开关，修理门钩。

③ 变压器一、二次侧短路。

维修方法：用万用表检测并更换。

（2）启动灯亮、转盘能转，但不加热

① 变压器一、二次侧开路。

维修方法：用万用表检测，若无电压，则表明变压器已坏。

② 磁控管灯丝开路或磁钢开裂。

维修方法：检查维修或更换磁控管和磁钢。

③ 二极管被击穿。

维修方法：用万用表检测并更换二极管。

（3）转盘不转或风扇不转

电动机损坏。

维修方法：检测电动机，若损坏则更换电动机。

（4）工作 2～3min 后自动停机

① 冷却装置失效。

维修方法：冷却装置失效会导致热断路器切断电路，检查冷却装置或冷却风道是否有污物阻塞。

② 风扇电动机绕组开路。

维修方法：检测维修或更换风扇电动机。

2．微波炉的使用注意事项

① 微波炉要放置在通风的地方，附近不要有磁性物质，以免干扰炉腔内磁场的均匀状态，

使工作效率下降。微波炉放置的位置还要和电视机、收音机离开一定的距离，否则会影响视、听效果。

② 炉内未放烹饪食品时，不要通电工作。不可使微波炉空载运行，否则会损坏磁控管，为防止一时疏忽而造成空载运行，可在炉腔内放置一个盛水的玻璃杯。

③ 凡金属的餐具、竹器、塑料、漆器等不耐热的容器、有凹凸状的玻璃制品，均不宜在微波炉中使用。瓷制碗碟不能镶有金、银花边。盛装食品的容器一定要放在微波炉专用的盘子中，不能直接放在炉腔内。

④ 微波炉的加热时间要视材料及用量而定，其加热时间还和食物新鲜程度、含水量有关。由于各种食物加热时间不一，故在不能肯定食物的加热时间时，应以较短时间为宜，加热后可视食物的生熟程度再追加加热时间。否则，如时间太长，会使食物变得发硬，从而失去香、色、味。按照食物的种类和烹饪要求，调节定时及功率（温度）旋钮，可以仔细阅读说明书，加以了解。

⑤ 带壳的鸡蛋、带密封包装的食品不能直接烹调，以免爆炸。

⑥ 一定要关好炉门，确保连锁开关和安全开关的闭合。微波炉关掉后，不宜立即取出食物，因此时炉内尚有余热，食物还可继续烹调，应过1min后再取出为好。

⑦ 炉内应经常保持清洁。在断开电源后，使用湿布与中性洗涤剂擦拭，不要冲洗，勿让水流入炉内电器中。

⑧ 定期检查炉门四周和门锁。如有损坏、闭合不良，应停止使用，以防微波泄漏。不宜把脸贴近微波炉观察窗，防止眼睛因微波辐射而受损伤。也不宜长时间受到微波照射，以防引起头晕、目眩、乏力、消瘦、脱发等症状，使人体受损。

 **想一想**

微波炉还有哪些常见故障？如何排除故障？

任务四　电磁灶

学 习 目 标

① 了解电磁灶的基本组成。
② 了解电磁灶电路的组成和各元件的作用。
③ 学会判断电磁灶的故障及维修。

工 作 任 务

① 了解IGBT在电磁灶中的作用。
② 了解电磁灶的工作原理和维修方法。

第1步　认识电磁灶的结构

图 3.4.1　电磁灶的外形

电磁灶又名电磁炉，因其小巧、方便、快捷等特点已被越来越多的家庭广泛使用，并且因其完全无须利用或者明火传导进行加热，所以是一种节能高效的现代厨房电热器具。电磁灶和其他厨房烹饪器具一样，可以进行煎、炸、蒸、煮、炒等烹调操作。电磁灶的特点：效率高，体积小，重量轻，噪声小，省电节能，不污染环境，安全卫生，烹饪时加热均匀，能较好地保持食物的色、香、味和营养素，是实现厨房现代化不可缺少的新型电子炊具。电磁灶的功率一般在 700～1800W 左右，是一个技术含量很高的小家电产品，其外形如图 3.4.1 所示。

电磁灶内部的主要部件由两大部分构成：电子线路部分及结构性包装部分，其结构如图 3.4.2 所示。

（1）电子线路部分

电子线路部分包括功率板、主机板、灯板（操控显示板）、线圈盘、温度传感器、电磁炉线圈盘架、风扇电动机等。

（2）结构性包装部分

结构性包装部分包括陶瓷板（新型电磁炉有用玻璃面板的）、塑胶上下盖、风扇叶、风扇支架、电源线、说明书、功率贴纸、操作胶片、合格证、塑胶袋、防震泡沫、彩盒、条码、卡通箱。

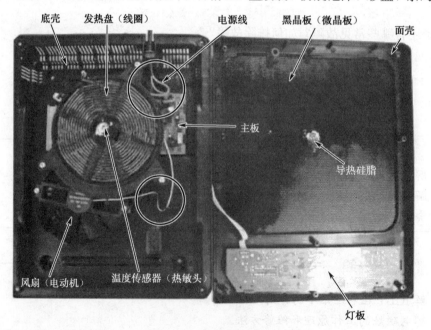

图 3.4.2　电磁灶的结构

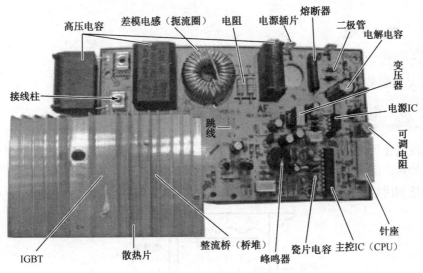

图 3.4.2 电磁灶的结构（续）

（3）其他部分

① 高压主基板：构成主电流回路。

② 低压主基板：实现电脑控制功能。

③ LED 线路板：显示工作状态和传递操作指令。

④ 线盘：将高频交变电流转换成交变磁场（PAN）。

⑤ 风扇组件：散热辅助元件（FAN）。

⑥ IGBT：通过低电流信号、控制大电流的通断（IGBT）。

⑦ 桥式整流块：将交流电源转换为直流电源（BD101）。

⑧ 热敏电阻件：将热量信号传递到控制电路。

⑨ 热开关组件：感应 IGBT 工作温度，从而保护 IGBT 由于过热而损坏。

人机对话灯板窗口可分为感应灯板、按键灯板和线控灯板，其结构如图 3.4.3 所示。

（a）感应灯板

（b）按键灯板

（c）线控灯板

图 3.4.3 人机对话灯板窗口的构成

电磁灶是由哪些部分组成的？

第2步 电磁灶的工作原理

电磁灶虽然使用广泛，但是大多数人却并不了解电磁灶，会认为电磁灶是利用热的传导或者微波进行加热，所以在这里有必要对电磁灶的工作原理进行简单的介绍。

电磁灶是利用电磁感应原理来达到加热目的的，如图3.4.4所示。

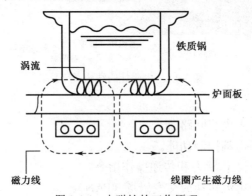

图3.4.4 电磁灶的工作原理

在电磁灶的耐热陶瓷面板下面的线圈通以交变电流后将会产生交变磁场，从而产生无数封闭的磁力线，此时如果将铁质锅具放置到电磁灶的面板上，锅具就会切割磁力线，使得锅具底部的金属产生交变电流（涡流），而这种15~30kHz的高频涡流会使锅具底部的金属分子做高速无规则运动，分子在高速运动中相互摩擦和碰撞而产生热能使锅具本身自行高速发热，达到烹饪食物的目的。正由于这种热能是由锅具底部自己产生的，不是由电磁灶本身发热传导给锅具的，所以热效率要比其他炊具高出近一倍。

由于电磁灶是由锅底直接感应磁场产生涡流来产生热量的，因此应选用符合电磁灶设计负荷要求的铁质（不锈钢）炊具，其他材质的炊具由于材料电阻率过大或过小，会造成电磁灶负荷异常而启动自动保护，不能正常工作。同时，由于铁对磁场的吸收充分，屏蔽效果也非常好，从而减少了很多的磁辐射，所以铁锅比其他任何材质的炊具也都更加安全。此外，铁是对人体健康有益的物质，也是人体长期需要摄取的必要元素。

电磁灶因其控制功能较多，加热原理又与众不同，所以其工作电路相比于其他电热器具也要复杂许多，如图3.4.5所示。

电磁灶的电路大致分为以下几个组成部分。

1. 逆变电路

当50Hz的交流电经过桥式整流后变换成直流电，然后经过扼流圈对电流进行限制，之后经过励磁线圈，也就是加热线圈，IGBT由IGBT驱动电路发出矩形脉冲进行驱动，当IGBT导通时，流过励磁线圈的电流迅速增加。IGBT截止时，励磁线圈与电容发生串联谐振，IGBT

的 C 极对地产生高压脉冲。当该脉冲降至零时，驱动脉冲再次加到 IGBT 上使之导通。上述过程周而复始，最终产生 25kHz 左右的高频电磁波，使陶瓷板上放置的铁质锅底感应出涡流并使锅发热。

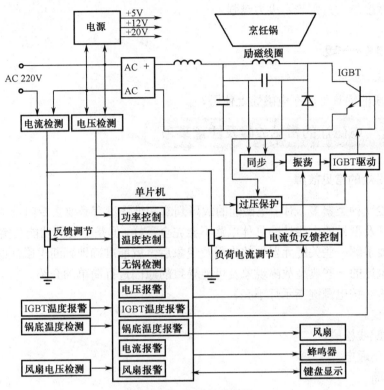

图 3.4.5 电磁灶的电路

2. 电源电路

变压器式主板共有+5V、+12V、+20V 三种稳压电路，其中桥式整流后的+20V 供 IGBT 驱动电路和供主控回路使用，稳压、滤波后的+12V 供风扇驱动电路使用，由三端稳压电路稳压后的+5V 供 MCU 使用。

3. 风扇

当电源接通时，MCU 发出风扇驱动信号（FAN），使风扇持续转动，吸入冷空气至机体内，再从机体后侧排出热空气，以达到机内散热的目的，避免零件因高温工作环境造成损坏而发生故障。机内超温风扇会自动启动，当风扇停转或散热不良时，热敏电阻将信号传送到 MCU，停止加热。

4. 定温控制及过热保护电路

该电路主要功能为依据置于陶瓷板下方的热敏电阻（NTC）和 IGBT 上的热敏电阻（负温度系数）感测温度而改变电阻值，得到随温度变化的电压信号并传送至 MCU，MCU 经 A/D转换后对照温度设定值进行比较而发出加热或停止加热信号。

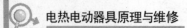
5. 驱动电路

该电路将来自脉宽调整电路输出的脉冲信号放大到足以驱动 IGBT 的通断信号。输入的脉冲信号高电平宽度越大，则表示火力越强。

想一想

什么样材质的锅具可以在电磁灶上使用？

第3步 电磁灶的常见故障及注意事项

1. 电磁灶的常见故障

市面上电磁灶种类繁多，对于电磁灶的故障判断和维修没有必要去专门查型号及品牌，因为各个不同品牌及型号的电磁灶的具体电路不会完全一样，但是主要的功能及实现电路都大体一致，所以只要了解一些关键元器件的作用及现象后，就能准确地判断电磁灶的故障原因。

下面就电磁灶的一些典型故障现象及可能导致的原因进行简单的介绍。

（1）不开机（按电源键指示灯不亮）

① 按键不良。

② 电源线配线松脱。

③ 电源线不通电。

④ 熔丝熔断。

⑤ 功率晶体管 IGBT 损坏。

⑥ 共振电容损坏。

⑦ 阻尼二极管损坏。

⑧ 变压器损坏，没有 18V 输出。

⑨ 基板组件损坏。

（2）置锅，指示灯亮，但不加热

① 线盘没锁好。

② 稳压二极管损坏。

③ 基板组件损坏。

（3）灯不亮，风扇自转

① LED 插槽插线不良。

② 稳压二极管损坏。

③ 基板组件损坏。

（4）加热，但指示灯不亮

① LED 二极管损坏。

② LED 基板组件损坏。

（5）未置锅，指示灯亮，不加热

① 热敏电阻配线松动或损坏。

② 集成块 LM339 损坏或集成块 TA8316 损坏。

③ 变压器插接不良。

④ 基板组件损坏。

（6）功率无变化

① 可调节可调电阻。

② 加热/定温电阻用错或短路。

③ 主控 IC 损坏。

④ 基板组件损坏。

（7）蜂鸣器长鸣

① 热开关损坏或热敏电阻损坏，主控 IC 损坏。

② 振荡器损坏，变压器损坏。

③ 基板组件损坏。

（8）锅具正常，但闪烁并发出"叮叮"响

锅具检测处于临界点。

（9）置锅，灯闪烁

① 变流器损坏。

② 锅具不对，非标准锅具。

③ 可调电阻损坏。

2. 电磁灶的使用注意事项

① 电磁灶最忌水汽和湿气，应远离热气和蒸气，灶内有冷却风扇，故应放置在空气流通处使用，出风口要离墙和其他物品 10cm 以上。

② 电磁灶不能使用诸如玻璃、铝、铜质的容器加热食品，这些非铁磁性物质是不会升温的。

③ 在使用时，灶面板上不要放置小刀、小叉、瓶盖之类的铁磁物件，也不要将手表、录音磁带等易受磁场影响的物品放在灶面上或带在身上进行电磁灶的操作。

④ 不要让铁锅或其他锅具空烧、干烧，以免电磁灶面板因受热量过高而裂开。

⑤ 在电磁灶 2～3m 的范围内，最好不要放置电视机、录像机、收录机等易受磁场影响的家用电器。

⑥ 电磁灶使用完毕，应把功率电位器再调到最小位置，然后关闭电源，再取下铁锅，这时面板的加热范围圈内切忌用手直接触摸。

⑦ 要清洁电磁灶时，应待其完全冷却，可用少许中性洗涤剂，切忌使用强洗剂，也不要用金属刷子刷面板，更不允许用水直接冲洗。

想一想

电磁灶发生故障时该如何确定故障点？

做一做

实训三　常用厨房电器的维修

1．实验目的

① 认识常见厨房电器。

② 了解常见厨房电器的结构。

③ 学会判断常见厨房电器的故障并维修。

2．实训器材

实训器材包括常见厨房电器、万用表、工具一套。

3．实训步骤

① 认识不同种类的厨房电器。

② 拆解厨房电器，并认知相应的元器件。

③ 根据故障现象进行检修。

④ 组装并测试是否维修成功。

4．注意事项

① 爱护实验设施，把实训当成实战，严格按老师要求去做，以免损坏设备。

② 在设备拆装过程中，严禁通电，以免触电。

③ 在拆设备的时候，一定要做记录，因为拆开是为了了解它或修好它，一定要考虑能装回去，以免装错或漏装。

5．实训评价

内　容	要　求	评分标准	得　分
不同厨房电器的认识（40 分）	认识不同厨房电器的内部主要元件	每错一个扣 5 分	
根据现象判断故障点并检测元件（40 分）	能判断故障点范围，并正确检测出已损坏元件	每错一处或少一处扣 5 分	
组装调试（10 分）	将维修好的厨房电器组装还原并能正常工作	无法组装还原扣 5 分，无法正常工作扣 5 分	
安全文明生产（10）	安全文明操作	违反者视情况扣 3～10 分	

习 题

1. 电饭锅主要由哪些部分组成？
2. 保温式电饭锅如何实现自动保温？
3. 请简述电烤箱的种类及各自的区别。
4. 若电烤箱经常烤焦食物，可能是什么原因导致的？
5. 微波炉和电磁灶是如何加热食物的？加热方法有什么区别？
6. IGBT 在电磁灶中起什么作用？

项目四

吸尘器原理与维修

项目简介

　　该项目主要讲述吸尘器的原理与维修基础知识，其中包括吸尘器的性能指标和应用，掌握吸尘器的电路分析与维修基本分析方法和吸尘器的主要元件检测与维修。

任务一　吸尘器的结构与原理

项 目 实 施

第 1 步　认识吸尘器

吸尘器具是将电能转变为机械能的器具，常见的吸尘器如图 4.1.1 所示。

图 4.1.1　常见的吸尘器

随着人们生活水平的提高，清洁安全、使用方便的吸尘器越来越多地进入到现代家庭。

1. 吸尘器的类型

吸尘器是一种新型、先进的除尘器具，一般按以下方法分类。

（1）按外形分类

按外形可以分为立式、卧式与便携式三类吸尘器。

① 立式吸尘器电动机主轴垂直地面。在圆筒壳体内由上到下依次安装着电动机、风机、集尘室与过滤装置。立式吸尘器比较适用于大居室。

② 卧式吸尘器电动机主轴平行地面，外形近似于圆锥体，水平方向依次安装着集尘室、过滤装置、电动机与风机。卧式吸尘器一般都配有伸缩管或二接管，可以深入角落进行清理。

③ 便携式吸尘器，也称手持式吸尘器，具有体积小，重量轻的特点，便于清扫一些小角落。

（2）按功能分类

按功能可以分为干式吸尘器、干湿两用吸尘器、旋转刷式地毯吸尘器和打蜡吸尘器等。

① 干式吸尘器不能吸水。

② 干湿两用吸尘器可以吸肥皂水之类或多水性泡沫污物，常用于洗脸间、厨房等水分较多地方。

③ 旋转刷式地毯吸尘器专门用于清洁地毯，它的底部装有特殊的刷子，可一边刷一边将灰尘吸入吸尘器。

④ 打蜡吸尘器底部装有 2～3 个高速旋转的刷子，在打蜡时将灰尘吸掉，它的吸力较小，主要以打蜡上光为主。

（3）按电气安全等级分类

按电气安全可以分为Ⅰ类、Ⅱ类、Ⅲ类吸尘器。Ⅰ类、Ⅱ类吸尘器的额定电压均在 42V 以上。

① Ⅰ类吸尘器一般只有基本绝缘，如果损坏即有触电危险，故其壳体部分接地。

② Ⅱ类吸尘器采用双重绝缘，除基本绝缘外，还有一层保护绝缘，不用接地。

③ Ⅲ类吸尘器的额定电压低于 42V，设有安全隔离变压器或用直流蓄电池供电，安全可靠，一般用于火车、汽车、船舶等。

吸尘器的规格是按其输入功率来划分的，统一规格有小于 100W、100W、150W、200W、250W、400W、500W、600W、700W、800W 及 1000W 以上的吸尘器。

2. 吸尘器的主要技术指标

（1）输入功率

输入功率指吸尘器稳定运转时的电功率，允许偏差为±15%。

（2）吸入功率

吸入功率指吸尘器吸嘴处的空气流所具有的功率。

（3）效率

吸尘器的效率为

$$\eta = (P_2/P_1) \times 100\%$$

式中　η——吸尘器的效率（百分数表示）；

　　　P_1——吸尘器的输入功率（W）；

　　　P_2——吸尘器的吸入功率（W）。

P_1 和 P_2 应为同一条件下的对应值。

（4）真空度

真空度指吸尘器工作时，吸嘴处与外界大气之间的负压差。

（5）噪声

吸尘器的噪声应不高于 75dB，国际标准在 54dB 以下。

（6）绝缘电阻

要求Ⅰ类吸尘器的绝缘电阻不小于 2MΩ，Ⅱ类吸尘器的绝缘电阻不小于 5MΩ。

想一想

如果你去选购一台吸尘器，你会从哪些方面去考虑？

第2步　认识吸尘器的结构与原理

1．基本结构

吸尘器主要由外壳体、吸尘部分、电动机、风机、消声装置及附件等组成。

立式吸尘器的结构如图 4.1.2 所示，壳体分上、下两部分。上壳体主要用于安装电动机、风机、消声装置、出风口及电源开关等，顶部还设有提把、灰尘指示器、阻塞保护机构等，功能性机构也安于上壳体；下壳体内主要安装吸尘部件和脚轮等，桶壁上设有吸入口。

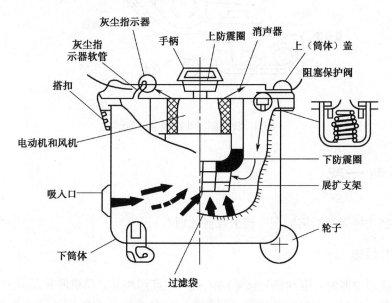

图 4.1.2　立式吸尘器的结构

卧式吸尘器电动机、风机、过滤器及集尘室在壳体内沿水平方向顺序安装，具体结构如图 4.1.3 所示。

旋转刷式地毯吸尘器的结构如图 4.1.4 所示。旋转刷式地毯吸尘器的吸嘴固定连接在吸尘器的主体上，不能更换，吸嘴处装有能转动的毛刷，皮带转动带动毛刷转动而将地毯或地板上的尘土吸走。

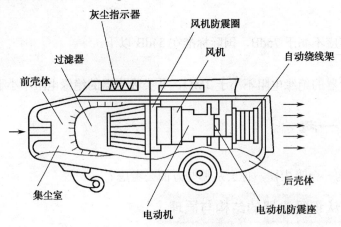

图 4.1.3　卧式吸尘器的结构

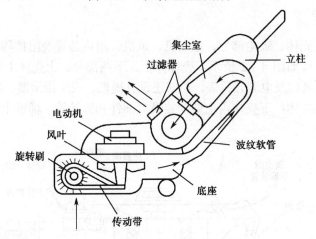

图 4.1.4　旋转刷式地毯吸尘器的结构

想一想

吸尘器有哪几种类型？它们在结构上有何区别？

2．工作原理

当吸尘器接通电源时，电动机直接驱动风机产生高速旋转，风机叶轮带动空气以极高的速度向机壳外排放。此时，在风机前面形成局部真空，使吸尘器内部与外界产生很高的负压差，在此负压差的作用下，位于吸嘴旁的含尘气体源源不断地补充到风机中去，通过吸嘴和管道，使充满灰尘和脏物的空气吸入吸尘器的集尘室内，经过滤器过滤，使灰尘和脏物留在集尘室内，而过滤后的清洁空气从风机、电动机的后部出气口排出，重新送入室内，达到吸尘的目的。负压差越大风量越大，则吸尘能力也越大。

3．使用的注意事项

① 使用吸尘器时，请注意不要使吸入口堵塞，否则会引起电动机过载，损伤电动机。

② 使用吸尘器时，请注意要装好滤尘袋，避免灰尘进入电动机内。

③ 请不要用吸尘器吸水泥、石膏粉、墙粉等微小颗粒，否则会引起吸尘器滤尘袋或过滤网堵塞、电动机烧坏等故障。

④ 清洗吸尘器时，请使用含水或中性洗涤剂的湿抹布，不要使用汽油、香蕉水等，否则会导致壳体龟裂或褪色。

⑤ 请不要用吸尘器吸洗涤剂、煤、油、玻璃、针、烟灰、水湿灰尘、污水、火柴等物品。

⑥ 请不要让吸尘器太靠近火源及其他高温场所。

⑦ 请勿用吸尘器吸水和其他液体，不能用水冲洗吸尘器。

⑧ 当要清洁或维修吸尘器以及不使用吸尘器时，请拔下电源插头，不要拉扯电源线。

⑨ 用完吸尘器后，应将吸尘器和附件用湿布擦拭干净，然后在空气中自然干燥。集尘袋内的污物要及时清除，如果暂时不再使用，还应用温水将集尘袋洗涤干净，然后在阳光下自然干燥。还应将刷子上的毛发和纸屑清除干净。

⑩ 要经常检查刷子的磨损情况，如发现磨损严重，则应更换。

⑪ 要经常检查吸尘器的各个固定部位，如有松动应随时紧固好。

⑫ 吸尘器电动机上的电刷也容易磨损，要注意送修更换。

⑬ 要经常检查吸尘头和排气口，防止堵塞。

⑭ 保护好吸尘器的软管，切勿重压。

任务二 吸尘器的电路分析与故障检修

学 习 目 标

① 掌握吸尘器的电路分析。
② 掌握吸尘器维修的基本分析方法和吸尘器的主要元件检测与维修。

工 作 任 务

① 吸尘器的电路分析。
② 吸尘器维修的基本分析方法和吸尘器的主要元件检测与维修。

第1步 分析吸尘器电路

吸尘器电路的作用是控制电动机的通断。按吸尘器的功能，电动机有一速、二速及无级调速等几种。

电热电动器具原理与维修

1. 开关控制的吸尘器电路

单转速单开关的吸尘器电路如图 4.2.1 所示，当开关闭合，电动机单速运转，吸尘器工作；当开关断开，吸尘器停止工作。

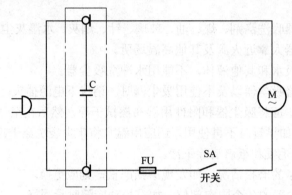

图 4.2.1　单转速单开关的吸尘器电路

在图 4.2.1 所示单转速单开关的吸尘器电路中，电容器 C 的作用是什么？

2. 充电式吸尘器电路

充电式小型吸尘器的电路如图 4.2.2 所示。该类吸尘器具有充电器，充电时，变压器将工频交流电转换为低压交流电，低压交流电经限流电阻 R1 和整流二极管 VD1 整流成直流电，对电池充电。在图 4.2.2 中还有用作充电指示的发光二极管 VL2 和电动机转速（即吸力）选择开关 SA。当开关 SA 与 2 端接通时，电动机以全电压（4.8V）工作，转速高；当开关 SA 与 1 端接通时，4.8V 电压经 R2 降压后加到电动机上，电动机转速降低。

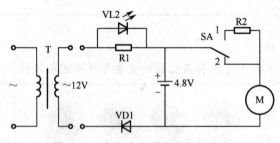

图 4.2.2　充电式小型吸尘器的电路

在图 4.2.2 所示的充电式小型吸尘器的电路中，VD1 与 VL2 有何区别？

3. 电子调速的吸尘器电路

电子调速电路一般由晶闸管等电子元器件组成,通过调整晶闸管的控制角,来改变施加到电动机上的平均电压,从而实现改变电动机的转速,达到调节吸尘器吸力的目的。

(1)双速电子调速吸尘器

双速电子调速吸尘器的电路如图 4.2.3 所示,该吸尘器采用两挡调速,功率分别为 620W 和 400W,由开关 SA 来控制。

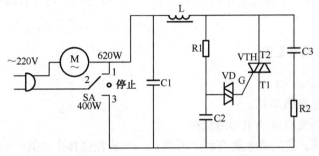

图 4.2.3 双速电子调速吸尘器的电路

(2)无级调速吸尘器电路

无级调速吸尘器的电路如图 4.2.4 所示,以集成电路 IC(NE555)为核心,与外围电路组成脉冲触发器。交流 220V 电源电压经电源变压器 T1 降压后,经 VD2~VD5 组成的桥式整流电路整流,形成与电源保持同步的单向脉动电源。这一单向脉动电源一路经二极管 VD1 隔离、电容 C1 滤波后为 IC 提供直流工作电压;另一路经电阻 R2、R3 分压后为 IC 的触发端第 2 脚 TR 端提供外触发同步信号。

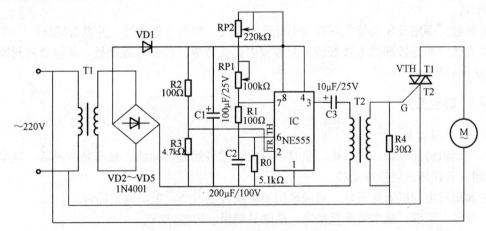

图 4.2.4 无级调速吸尘器的电路

IC 在该同步信号触发下反转;RC 定时回路由安装在手柄上的电位器 RP2、微调电阻 RP1、电阻 R1 与电容 C2 组成,电容 C2 上的电压随充电时间逐渐上升,当达到 IC 的 6 脚阈值电平时,IC 反转,IC 的输出端 3 脚由高电平突变为低电平,这一突变电平经电容 C3、脉冲变压器 T2 耦合到双向晶闸管 VTH 的控制极,使晶闸管得到触发而导通。与此同时,7 脚放电端对地导通,电容 C2 上的电荷经电阻 R1、IC 放电端迅速对地泄放,为下一次同步信号到来做好准备。

想一想

双速电子调速吸尘器与无级调速吸尘器在电路上有何区别？

第2步 检修吸尘器

吸尘器在使用过程中，往往会出现通电后不工作、吸力弱、温升太高等故障，下面就这些故障介绍如下。

1．通电后整机不工作

其主要原因如下。

① 熔丝烧断，更换新熔丝。

② 电源线接触不良或电动机引线松脱。

③ 电源开关损坏。有的吸尘器有两个开关：一个装在壳体上，另一个装在软管的把手上。

④ 电动机损坏。只有更换新的电动机，若是电动机内轴承损坏或碳刷磨损，可更换新的轴承或碳刷。

2．电动机能转动但不吸尘

其主要原因如下。

① 吸尘器内的集尘袋已满，导致气路堵塞。清除集尘袋中的垃圾杂物即可。

② 软管、吸嘴、集尘袋接口处被异物堵塞。应查各处通道和微孔是否堵塞，除去异物使其通畅即可。

③ 软管、刷座及加长管之间连接不好造成漏气。检查各连接处，并重新接好。

④ 壳体中间连接部位未接好或密封胶圈老化失效等。检查各连接处，并检查密封圈，必要时做更换处理。

3．吸尘无力

其主要原因如下。

① 电动机转速过低。检查电动机是否正常，如绕组是否短路、轴承是否灵活、风扇叶片是否受阻，若损坏应更换电动机。

② 风扇与电动机固定不好，造成风扇不转或转速过低，重新固定即可。

③ 软管、吸嘴、集尘袋严重堵塞。清除异物保证通畅。

④ 壳体密封不严。更换新的密封圈。

4．外壳漏电

其主要原因如下。

① 电动机绝缘失效。只要烘干后进行绝缘处理，若无效则更换新电动机。

② 带电部分与金属杆碰接。找到碰接点用绝缘物做绝缘处理。

5．工作时对电视或收音机有干扰

主要是由电动机的碳刷与整流器接触不良而引起的。

解决方法是：更换碳刷使其与整流器保持良好的接触，并在两碳刷之间并一只电容器。

6．电源线拉出后不能制动

检查刹车系统的制动轮与卷线筒上的摩擦盘之间是否接触良好，必要时应更换弹簧及其他相关的部件。

7．工作时噪声明显增大

其主要原因如下。

① 各紧固件松动。检查各处的紧固件，并予以加固。
② 风扇松脱，或风扇叶片碰外壳。重新调整风扇即可。
③ 电动机轴承损坏。更换新的电动机轴承即可。
④ 电动机碳刷磨损。更换电动机碳刷即可。

做一做

实训四　吸尘器的拆装

1．实验目的

① 熟悉吸尘器的结构。
② 理解吸尘器的电路，掌握电路的连接方法。
③ 掌握吸尘器的检测方法。
④ 掌握吸尘器常见故障的排除方法。

2．实训器材

实训器材包括吸尘器一台、万用表、工具一套。

3．实训步骤

① 吸尘器的拆卸。
② 用万用表测直流电动机。

4．注意事项

① 爱护实验设施，把实训当成实战，严格按老师要求去做，以免损坏设备。
② 在设备拆装过程中，严禁通电，以免触电。
③ 在拆设备的时候，一定要做记录，因为拆开是为了了解它或修好它，一定要考虑能装

回去，以免装错或漏装。

5. 实训评价

内 容	要 求	评 分 标 准	得 分
元件识别（20分）	能识别吸尘器的元件	每错一个扣4分	
工具的正确使用（30分）	能正确使用工具	每错一处扣5分	
元件检测（40分）	吸尘器阻值的测定	拆装有问题每处扣4分	
安全文明生产（10）	安全文明操作	违反者视情况扣3～10分	

习 题

1. 按结构形式分，吸尘器可分为哪几种类型？
2. 试述吸尘器拆装的注意事项。

项目五

电风扇原理与维修

项目简介

　　该项目主要讲述家用电风扇的基础知识,其中包括各种电风扇主要器件的性能指标和应用,掌握电风扇维修的基本分析方法和电风扇主要元件的检测与维修。

任务一　电风扇的结构与原理

第1步　认识电风扇的类型与分类方法

电风扇是一种利用电动机驱动扇叶旋转，达到使空气加速流通的家用电器，主要用于清凉解暑和流通空气。生活中常见的电风扇类型如图 5.1.1 所示。

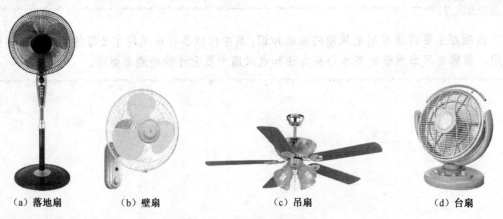

（a）落地扇　　　（b）壁扇　　　　　　（c）吊扇　　　　　　（d）台扇

图 5.1.1　常见的电风扇类型

1. 电风扇的工作原理

电风扇的主要部件是：交流电动机。其工作原理是：通电线圈在磁场中受力而转动。能量的转化形式是：电能主要转化为机械能，同时由于线圈有电阻，所以不可避免地有一部分电能要转化为热能。

一般交流220V电风扇的电动机，都是电容分相式单相电动机。它有两个绕组：主绕组（运行绕组）和副绕组（启动绕组）。主绕组直接接交流220电源，副绕组串联电容后再接交流220电源。

电风扇工作时，假设房间与外界没有热传递，室内的温度不仅没有降低，反而会升高。让我们一块来分析一下温度升高的原因：电风扇工作时，由于有电流通过电风扇的线圈，导线是有电阻的，所以会不可避免地产生热量向外放热，故温度会升高。但人们为什么会感觉到凉爽呢?因为人体的体表有大量的汗液，当电风扇工作起来以后，室内的空气会流动起来，就能够促进汗液的急速蒸发，因为蒸发会吸收大量的热量，所以人们会感觉到凉爽。

2. 电风扇的分类

（1）按使用电源分类

可分为交流风扇、直流风扇、交直流两用电风扇。

（2）按用途分类

可分为扇风风扇、排气风扇。

（3）按安装方式分类

可分为吊扇、台扇、壁扇、落地扇。

（4）按电动机的形式分类

可分为单相交流罩极式、单相交流电容式、交直流两用串激式电风扇。

（5）按功能分类

有可摇头与不摇头的风扇；有可定时与不可定时的风扇；有可调速与不可调速的风扇；有可遥控与不可遥控的风扇等。

我们家里使用的是哪种电风扇？与其他电风扇比较有什么优点？

第2步 认识电风扇的基本结构

1. 台扇的结构

台扇主要包括风扇电动机、电风扇叶及前后网罩、连接头及减速连杆摆头机构、底座及开关控制机构。台扇的基本结构如图5.1.2所示。

（1）扇叶

常用的扇叶是三页扇，风扇叶直径约为250～400mm。

（2）电动机

电风扇的电动机大多数采用电容运转式交流单相异步电动机，主要由定子、转子、端盖等组成。

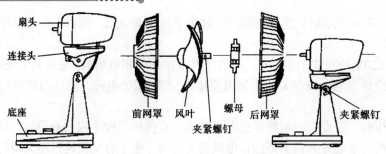

图 5.1.2　台扇的基本结构

（3）摇头机构

摇头机构由减速机构、连杆机构、控制机构与过载保护装置组成。

2. 转页扇的结构

转页扇的内部主要包括导风轮、外壳、按钮、定时器、开关、电容器、风叶、电动机、底座等，转页扇的结构如图 5.1.3 所示。

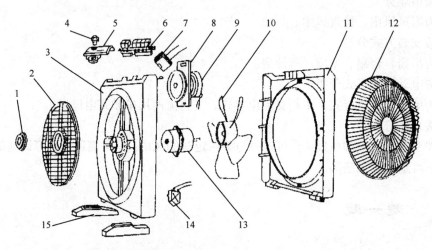

1—紧固环；2—导风轮；3—前壳；4—旋钮；5—定时器；6—琴键开关；
7—电容器；8—摩擦传动总成；9—同步电动机；10—风叶；11—后壳；
12—尾罩；13—风扇电动机；14—安全开关；15—底座

图 5.1.3　转页扇的结构

（1）风叶

风叶的片数、扭角、断面形状和选用材料都对转页扇的风压、风速、噪声和输入功率等指标有重大影响。风叶一般用 1～1.5mm 的铝板或 ABS 塑料制成，须经过严格的校准平衡方能使用。

（2）网罩

网罩起防止人体触及风叶的作用。

（3）电动机

电动机分电容式和罩极式两种，300～400mm 规格转页扇多用电容式电动机，200～250mm 规格转页扇电容式电动机和罩板式电动机都有用。

（4）摇头机构

转页扇的摇头是由转页扇电动机驱动的，再通过各构件的传递来实现摇头。一般经过二次减速后，由电动机每分钟约 1400 转减到扇头部分每分钟摇摆 4～6 次。最大摇转角度则视转页扇规格而异。

（5）底座

底座要求有良好的稳定性。底座装有调速开关、摇头控制开关、定时开关和指示灯等。电抗器、定时器都固定在面板上。

3．落地扇的结构

老式落地扇采用连杆摆头机构的落地扇，基本结构与台扇相同，另外加长落地杆，采用落地底座较重以提高稳定度。

新式落地扇又叫塔式电风扇，主要采用单片机控制，其特点和优点如下。

① 全功能远距离遥控，可在 12h 范围内定时。

② 风类可选择睡眠风、自然风、海湾风、高原风。

③ 全方位 360°送风。

④ 数码无级调速。

⑤ 超离子清净空气功能。

⑥ LCD 液晶显示屏。

4．各种电风扇的电动机

根据电风扇的不同种类和用途可使用不同的电动机，如图 5.1.4 所示，均为生活中常见电风扇电动机。

（a）转页扇电动机　　　　　（b）楼顶扇电动机　　　　　（c）落地扇电动机

（d）暖风机电动机　　　　　（e）壁扇电动机　　　　　（f）排风扇电动机

图 5.1.4　生活中常见的电动机

想一想

除以上讲述的几种电风扇，在生活中还见过哪种电风扇？他们的基本结构是什么？

第3步　认识电风扇的调速方法

电风扇具有多种调速方法，其中包括电抗调速法、抽头调速法、无极调速法和电容调速法，下面对几种调速方法进行了简单的介绍，电风扇调速开关的外观如图5.1.5所示。

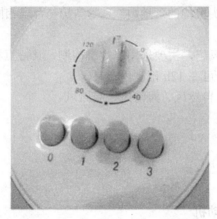

图 5.1.5　电风扇调速开关的外观

1. 电抗器调速法

电抗器调速是采用降低台扇电动机外施电压的方法来减少每匝电压值，以达到削弱磁场强度的效果。该法的优点是容易调整各挡调速比，绕组匝间短路时维修方便，绕组简单无须抽头。缺点是调速时常受外施电源电压的影响，特别是慢挡启动所受的影响最为明显。

2. 抽头调速法

抽头调速法是采用改变绕组每匝电压值，也即改变二次绕组匝数，从而削弱磁场强度以达到调速目的。该法的优点：调速较简单，不须外接电抗器，能节约工时、材料，降低成本。因此，国内外电容式台扇都采用抽头法调速。该法的缺点：绕线、嵌线、接线等都比较复杂。

3. 无级调速法

无级调速法又叫晶闸管调速法，由于利用晶闸管调速须克服电磁噪声较大的问题，故应用不广。

4. 电容调速法

用电容代替电抗器调速可节约用电，并减小体积。该法有可能成为电风扇调速的主要方法。

任务二 电风扇的故障与维修

学 习 目 标

① 熟悉电风扇的控制电路。
② 掌握电风扇的使用和保养。
③ 掌握电风扇的常见故障及维修。

工 作 任 务

① 电风扇的调速及控制电路。
② 电风扇的保养及维护。
③ 电风扇的常见故障及维修。

项 目 实 施

第1步 电风扇的几种常见电路

1. 调速电路

（1）电抗器调速电路

电抗器调速电路主要由电动机、电抗器、调速开关、定时器、电容器、指示灯等组成，其电路如图 5.2.1 所示。电抗器调速电路的原理是在电路中串联电抗器，使电动机上的实际电压下降，电动机的转速也下降。这种调速方法简单，运行可靠，但电动机运行效率不高。

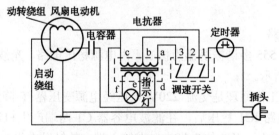

图 5.2.1 电抗器调速电路

（2）抽头调速电路

抽头调速电路主要由定时器、调速开关、电容器、电动机、指示灯等组成，其电路如图 5.2.2 所示。抽头调速电路的工作原理是通过调速开关改变输入电路的线圈圈数，以改变其产生的磁场强弱，从而达到改变电动机转速的目的。

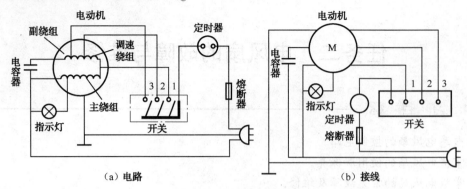

图 5.2.2　抽头调速电路

（3）无极调速电路

无级调速电路如图 5.2.3 所示，一般采用双向晶闸管作为风扇电动机的开关。利用晶闸管的可控特性，通过改变晶闸管的控制角 α，使晶闸管输出电压发生改变，达到调节电动机

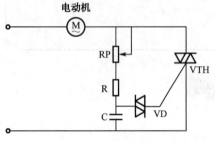

图 5.2.3　无级调速电路

转速的目的。在电源电压每个半周起始部分，双向晶闸管 VS 为阻断状态，电源电压通过电位器 RP，电阻 R 向电容 C 充电，当电容 C 上的充电电压达到双向触发二极管 VD 的触发电压时，VD 导通，C 通过 VD 向 VS 的控制极放电，使 VS 导通，有电流流过电动机绕组。通过调节电位器 RP 的阻值大小，可调节电容 C 的充电时间常数，也就调节了双向晶闸管 VTH 的控制角 α，RP 越大，控制角 α 越大，负载电动机 M 上的电压变小，转速变慢。

想一想

以上几种调速方法，哪种使用起来更节能？

※ 2. 控制电路

（1）模拟自然风电路

模拟自然风电路以 555 多谐振荡器为核心，由电源稳压电路、光波发生电路和光耦合成器电路组成，如图 5.2.4 所示。

模拟自然风电路的工作原理是交流 220V 电压经电源变压器 T 降压、整流二极管 VD1～VD4 整流和稳压集成电路 IC1 稳压后，在滤波电容器 C1 两端产生+12V（V_{cc}）电压，作为时基集成电路 IC2 的工作电压。IC2 的 2 脚为触发输入端，其触发电平为 $V_{cc}/3$，当该脚电压低于 $V_{cc}/3$ 时，IC2 的 3 脚（输出端）变为高电平。IC2 的 6 脚为阈值输入端，其阈值电平为 $2V_{cc}/3$，当该脚输入电压大于 $2V_{cc}/3$ 时，IC2 的 3 脚变为低电平。该控制电路将 IC2 的 2 脚与 6 脚连接在一起，与地之间并接一只充电电容器 C2。接通电源后，V_{cc} 电压经电阻器 R1 和电位器 RP 向 C2 充电，当 C2 两端电压上升至 $2V_{cc}/3$ 时，IC2 的 3 脚变为低电平，晶闸管 VTH 截止，风扇电动机 M 停转。电动机 M 停转后，C2 通过电位器 RP 对 IC2 的 7 脚放电，使 IC2 的 2 脚电压下降，当该脚电压降至 $V_{cc}/3$ 时，IC2 的 3 脚变为高电平，使晶闸管 VTH 受触发而导通，风扇电动机 M 又通电运转。C2 如此不断地充电和放电，使风扇电动机 M 时转时停，从而产生模拟自然风。

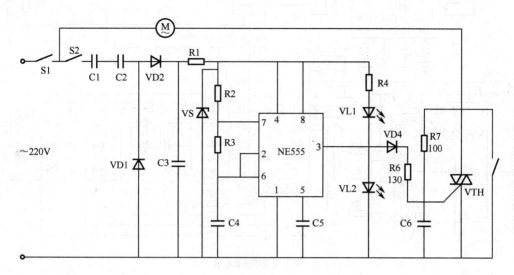

图 5.2.4　电风扇模拟自然风电路

（2）红外线遥控电路

红外线遥控电路如图 5.2.5 所示，它的主要作用是通过红外线遥控器远距离控制电路，方便使用者控制，提高便捷性。

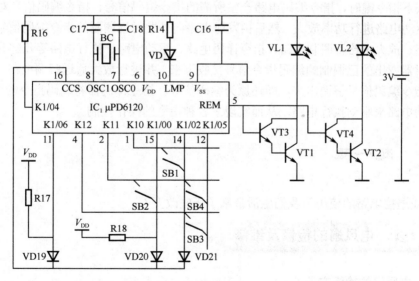

（a）红外线遥控发射电路

图 5.2.5　红外线遥控电路

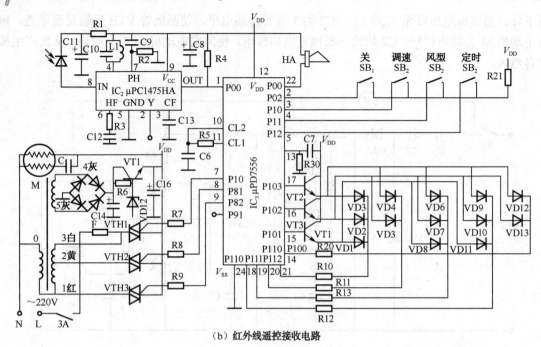

（b）红外线遥控接收电路

图 5.2.5　红外线遥控电路（续）

红外遥控发射电路是采用红外发光二极管来发出经过调制的红外光波。红外接收电路由红外接收二极管、三极管或硅光电池组成，它们将红外发射器发射的红外光转换为相应的电信号，再送后置放大器。发射机由指令键、指令编码系统、调制电路、驱动电路、发射电路等几部分组成。当按下指令键时，指令编码电路产生所需的指令编码信号，指令编码信号对载波进行调制，再由驱动电路进行功率放大，然后由发射电路向外发射已调制的指令编码信号。接收电路由接收电路、放大电路、调制电路、指令译码电路、驱动电路、执行电路等几部分组成。接收电路将发射器发出的已调制的编码指令信号接收下来，并进行放大后送解调电路，解调电路将已调制的指令编码信号解调出来，即还原为编码信号。指令译码器将编码指令信号进行译码，最后由驱动电路来驱动执行电路，从而实现了各种指令的操作控制。

想一想

红外线遥控电路的使用为我们生活带来了哪些改变？

第2步　电风扇的检修及维修

1. 电风扇的检修方法

电风扇的常见检修方法有观察法、替换法、测量电阻法。

（1）观察法

观察法就是利用眼睛观察风扇电源插座、风扇开关、调速部件、风扇结构中的机械传动部件等有无松动、断裂、烧焦等明显特征，如果有，此处就可能是故障点，然后着手进行排除。

（2）替换法

对启动电容、调速器、电动机等配件，用好的备件进行代换，代换后如果正常了，说明原部件已损坏。

（3）电阻测量法

① 启动电容的测量方法是用指针万用表电阻挡进行充电检查，如果有充电现象（指针显示电阻先小后变大），则说明电容漏电或击穿。

② 电动机电阻测量法是用万用表测量电动机绕组线圈电阻，并与正常值进行比较，相差较大则说明出现故障。

2. 电风扇的使用和保养

① 使用前应详细阅读使用说明书，充分掌握电风扇的结构、性能、安装、使用、保养方法及注意事项。

② 台式和落地式电风扇必须使用有安全接地线的三芯插头与插座；吊扇应安装在顶棚较高的位置，可以不装接地线。

③ 电风扇的风叶是重要部件，不论在安装、拆卸、擦洗或使用时，必须加强保护，以防变形。

④ 操作各项功能开关、按键、旋钮时，动作不能过猛、过快，也不能同时按两个按键。

⑤ 吊扇调速旋钮应缓慢顺序旋转，不应旋在挡间位置，否则容易使吊扇发热、烧坏电动机。

⑥ 电风扇用久以后，扇叶的下面很容易粘上很多灰尘。这是电风扇在工作时，由于扇叶和空气相互摩擦而使扇叶带上了静电，带电的物体能够吸引轻小物体的性质，从而能够吸收室内飘浮的细小灰尘造成的。电风扇的油污或积灰，应及时清除。不能用汽油或强碱液擦拭，以免损伤表面油漆部件的功能。

⑦ 电风扇在使用过程中如出现烫手、异常焦味、摇头不灵、转速变慢等故障时，不要继续使用，应及时切断电源检修。

⑧ 收藏电扇前应彻底清除表面油污、积灰，并用干软布擦净，然后用牛皮纸或干净布包裹好。存放的地点应干燥通风、避免挤压。

3. 常见的故障维修方法

（1）风扇不转

故障原因可能是保护开关不良、热过载损坏、轴承卡死、线圈损坏或是电容损坏。

对应的处理方法是修理、更换、加油或重新装配。

（2）转速过慢

故障原因可能是缺少润滑、电容容量减少。

对应的处理方法是加油、更换电容。

（3）电动机发热

故障原因可能是线圈匝间短路、电压过低。

对应的处理方法是更换电动机、减少使用时间。

（4）风向转叶不动

故障原因可能是同步电动机损坏。

对应的处理方法是更换同步电动机。

（5）噪声大

故障原因可能是轴承松动、风叶变形。

对应的处理方法是校正或更换电动机。

做一做

实训五　电风扇的拆装及检测

1. 实验目的

① 掌握电风扇的结构组成及原理。

② 掌握电风扇的拆装方法。

③ 掌握易损零部件的检测方法。

2. 实训器材

实训器材包括电风扇、万用表、螺丝刀、钳子等。

3. 实训前知识准备

① 具备元器件识别与测试、电子产品焊接、装配、调试等技能。

② 具备识读和分析简单电路的能力。

4. 实训步骤

① 拆下风扇前网罩。

② 拧下扇叶前方的紧固螺母，该螺母为反螺钉，方向与普通螺钉相反，拆下扇叶、后网罩。

③ 拆开扇头、拆开电动机，观察其结构。

④ 装好电动机，并调整校正使其转动灵活。

⑤ 拆下摇头机构，观察其结构及运转情况。

⑥ 拆开底座，观察整机线路，并画出该机的电气控制线路图。

⑦ 测量风扇的电动机、电容、同步电动机、调速开关是否正常，并做记录。

⑧ 检查电风扇的故障原因并尝试进行修复。

⑨ 按拆卸的相反次序逐步装好风扇。

⑩ 用摇表测量电动机的绝缘电阻。

5．注意事项

① 爱护实验设施，把实训当成实战，严格按老师要求去做，以免损坏设备。

② 在设备拆装过程中，严禁通电，以免触电。

③ 在拆设备的时候，一定要做记录，因为拆开是为了了解它或修好它，一定要考虑能装回去，以免装错或漏装。

6．实训评价

内　　容	要　　求	评分标准	得　分
元件识别（20 分）	能识别电风扇的元件	每错一个扣 4 分	
工具的正确使用（30 分）	能正确使用工具	每错一处扣 5 分	
元件检测（40 分）	电风扇阻值的测定	拆装有问题每处扣 4 分	
安全文明生产（10）	安全文明操作	违反者视情况扣 3～10 分	

习　题

1．按用途分类，电风扇可分为哪几种类型？

2．电风扇由哪几部分构成？

项目六

洗衣机原理与维修

项目简介

该项目主要讲述洗衣机基础知识，其中着重介绍了全自动波轮洗衣机与全自动滚筒洗衣机的结构与工作原理，掌握两种机型故障现象及维修方法。

任务一 洗衣机的结构与原理

学 习 目 标

① 了解洗衣机的类型。
② 掌握全自动波轮洗衣机的基本结构与工作原理。
③ 掌握全自动滚筒洗衣机的基本结构与工作原理。
④ 了解两种洗衣机的主要优缺点。

工 作 任 务

① 洗衣机的基本类型分析。
② 全自动波轮洗衣机与滚筒洗衣机的工作原理分析。

第1步 认识洗衣机的类型

随着技术的发展与人们需求的提高，洗衣机的种类越来越多，可以按照其结构原理与自动化程度进行划分。

1. 按洗衣机自动化程度分类

（1）普通型洗衣机

洗涤、漂洗、脱水各功能的操作都要用手工转换。这种洗衣机结构简单，价格便宜，占地少，容易搬动。它装有定时器，可根据衣物的脏污程度选定洗涤和漂洗时间，到达预定时间，即可自动停机。普通型洗衣机有单桶和双桶两种。不带脱水装置的洗衣机，衣物洗净后须人工拧干，再去晾晒。

（2）半自动型洗衣机

在洗涤、漂洗、脱水功能中，其中任意两个功能的转换不用手工操作而能自动进行。半自动型洗衣机一般由洗衣系统和脱水系统两部分组成，常见的为双桶半自动型洗衣机。在洗衣桶中可以按预定时间完成洗涤和漂洗程序，但不能自动脱水，须要人工把衣物从洗衣桶中取出，放入脱水机中甩干。

① 半自动单筒型洗衣机：没有脱水机，洗涤、漂洗、进出水均自动按设定程序与时间进行，脱水则靠人工。

② 半自动双筒型洗衣机：由洗涤、脱水两部分组成，自动完成洗涤、漂洗，但不能自动脱水。脱水时，由人工把洗净的衣物放入甩干桶中脱水。它的特点是体积较大。

（3）全自动型洗衣机

洗涤、漂洗、脱水各功能间的转换全部不用手工操作，包括进水、排水在内的各工序都可以用程序控制器自动控制。衣物放入洗衣机后能自动洗涤、漂洗、脱水，全部程序自动完成。当衣物甩干后，蜂鸣器会发出声响。全自动型洗衣机多为套桶洗衣机，即洗衣桶和脱水桶套装在一起。有一种带有传感器的高级微电脑全自动洗衣机，具有人工智能，它能根据洗涤物的数量、种类、脏污程度自动选定对洗涤物的最佳程序，自动进行洗涤。

① 机械全自动型洗衣机：由电动程控器控制。

② 电脑全自动型洗衣机：由电脑程控器控制。它的特点是结构复杂，价格贵，维修、保养复杂。

2．按洗衣机结构原理分类

（1）波轮式洗衣机

在洗衣桶的底部中心处装有一个带凸筋的波轮，波轮旋转时，洗涤液在桶内形成螺旋状涡卷水流，从而带动衣物旋转翻动而达到洗涤目的。这种洗衣机的主要优点是洗涤时间短，洗净度较高，水位可调，品种多，适宜于洗涤棉、麻、纤和混纺等织物。它的缺点是易使衣物缠绕，影响洗净的均匀性，磨损率也较高。新颖的大波轮、新水流洗衣机，其性能有明显的改善。

波轮式洗衣机的类型有普通型波轮洗衣机、半自动双桶型洗衣机（洗衣机+脱水机）、全自动波轮洗衣机。

（2）滚筒式洗衣机

滚筒式洗衣机为套桶装置，内桶为圆柱形卧置的滚筒，筒内有 3～4 条凸棱，当滚筒绕轴心旋转时，带动衣物翻滚，并循环反复地摔落在洗涤液中，从而达到洗涤的目的。滚筒式洗衣机，按投放衣物的位置不同，可分为上装入式和侧装式。其优点是洗涤动作比较柔和，对衣物的磨损小，用水量和洗涤剂都比较省，适合洗涤毛料织物。但滚筒式洗衣机的机器结构复杂，洗净度低，耗电量大，售价较高。

滚筒式洗衣机的类型有前装式滚筒洗衣机、顶装式滚筒洗衣机。

（3）搅拌式洗衣机

搅拌式洗衣机在立式洗衣桶的中央置有一根垂直立轴，轴上装有搅拌桨。靠轴的旋转使衣物在洗涤液中不断地被搅动，达到洗涤的目的。这种洗衣机好似手工洗涤的揉搓，衣物受力均匀，衣物磨损小，洗涤容量大。其缺点是洗涤时间长，结构比较复杂，售价高。

（4）喷流式洗衣机

喷流式洗衣机的洗涤容器为立桶，只是波轮装在桶的侧壁上。电动机启动后，侧壁波轮产生强烈的水流将衣物在洗涤液中甩打、抛掷、揉搓、冲刷，使衣物洗净。其特点是洗涤时间短，污垢容易洗掉，机器结构简单，故障较少。但由于水流激烈，衣物容易拧绞在一起，因而洗涤不均，对衣物损伤较重，洗涤时洗涤液容易飞溅。

3．按结构型式分类

按结构型式可分为单桶洗衣机、双桶洗衣机、套桶洗衣机。

4．按触电保护分类

按触电保护可分为三个等级：Ⅰ类洗衣机，Ⅱ类洗衣机，Ⅲ类洗衣机。

5．洗衣机的主要技术性能指标及含义

（1）主要技术性能指标及含义

① 洗净比：指被测洗衣机洗净率与标准洗衣机洗净率之比，洗净比应不小于 0.7。

② 磨损率：通过测量洗涤水和漂洗水过滤所得分离纤维和绒渣的重量，来确定洗衣机对标准负载布的机械磨损程度。磨损率应不大于 0.15%。

③ 漂洗率：以百分数标明洗衣机的漂洗能力，标注于洗衣机机身上，百分数数值越高，表示洗衣机漂洗的性能越强。漂洗率应不大于 0.0004mol/L。

④ 洗涤噪声和脱水噪声：指洗衣机分别在洗涤、脱水过程中发出声音的大小指标。洗涤噪声应不大于 62A；脱水噪声应不大于 72A。

⑤ 无故障运行（寿命）：指使洗衣机连续使用而不发生故障所需的时间，也就是该洗衣机的有效寿命，单位为次（循环）或小时。无故障运行应不小于 2000 次。

⑥ 含水率：指洗衣机脱去洗涤物中水量的多少，用脱水后洗涤物中水分与额定洗涤物质量的百分比值来表示。含水率应小于 115%。

（2）安全性能指标

① 泄漏电流：泄漏电流应不大于 0.5mA。

② 电气强度：1250V（50Hz）历时 1min。一般热态时电气强度应为 1500V 历时 1min，潮态时电气强度应为 1250V 历时 1min；生产线上冷态电气强度应为 1875V/s。

③ 接地性能：接地电阻不大于 0.2Ω（未端），且不大于 0.1Ω（接地端子）。

④ 绝缘电阻：绝缘电阻不大于 2MΩ。

⑤ 低压启动和电压波动特性：在额定电压的 85%（187V）能正常启动，在额定电压±10%波动下也能正常工作。

⑥ 温升：电动机、进水阀、牵引器、排水泵等线圈或绕组温升不大于 90K（E 级绝缘）。

⑦ 制动性能：脱水桶一般在 10s 内停止转动，在 E 级绝缘等级下。

⑧ 功率：300W 以下的洗衣机，功率偏差不大于 20%的额定功率；300W 以上的洗衣机，功率偏差不大于 15%的额定功率。

想一想

波轮式与滚筒式洗衣机的优缺点是什么？

第2步 全自动波轮洗衣机

20 世纪五六十年代出现于日本的波轮洗衣机目前是我国市场占有率最高的洗衣机种类，全自动波轮洗衣机如图 6.1.1 所示。

提到波轮洗衣机不得不提一下 20 世纪 80 年代日本洗衣机业界的"新水流运动"。早期的波

轮洗衣机一般采用偏置波轮，而不是目前常见的波轮位于内桶中央，把波轮设计在内桶边上目的是为了提高洗衣机的洗净力，当然这种设计也会加大衣物的磨损率，使衣物易缠绕打结，洗涤不均匀。这是在权衡各种因素后设计出来的产品，水流方式是利用波轮先正向旋转 30s，然后停 5s，再反向旋转 30s，再停 5s，周而复始地循环下去。

图 6.1.1 全自动波轮洗衣机

这种方式维持了二三十年之久，进入 20 世纪 80 年代后，出现了新型波轮和新型水流才取代了这种方式：波轮在桶的底部，还通过其他设计大大改变了水流。新型全自动洗衣机的水流方式一般为正向旋转 1～3s，停 0.5～ls，再反向应转 1～3s，再停 0.5～ls，这和旧式水流大不一样，这种方式也是多年研究的成果，有利于各因素之间的平衡，兼顾了洗涤力、磨损率、缠绕状况，洗涤均匀度等因素。

1．波轮洗衣机洗衣原理

① 通过化学反应原理，由洗衣粉的主要成分生物酶在浸泡过程中将高分子污渍生物分解。

② 通过物理反应原理，衣物在洗涤液中浸泡时，动力系统带动洗涤波轮转动，使衣物与衣物，衣物与洗涤液，衣物与桶壁进行摩擦、冲击，以物理力的作用，使被洗涤液包围的污垢彻底分离于洗涤物，从而达到去污彻底，洗涤干净的效果。

2．波轮洗衣机洗衣过程

当按下电脑程控板的启动按键后，水位传感器进行采样信息，当采样的信息还是原始值时，它反馈信息给电脑程控板中的单片机，由它进行一系列的分析、比较、判断，发出相应的信号，控制进水阀动作，此时进水。

在进水过程中，水位传感器不断进行采样，不断地反馈，当水位到达一定水位值时，电脑程控板得到水位传感器采样信号，进水阀在电脑程控板控制作用下，断电停止进水，转入洗涤程序。

当洗涤结束时，电脑程控板发出信号给牵引器，由它来控制排水阀的通断动作。当牵引器拉杆将其阀芯拉出，开始排水。同时，由于连接板上的销钉将离合器制动臂拉开，为脱水做好准备。

随着水位下降，水位传感器采样信息发生变化，当外桶气室腔内气压同大气压力相同时，水位传感器输出的信号为零水位的相应频率，经过电脑板进行一系列比较、判断后，由电脑程控板发出指令进行脱水。

3．波轮洗衣机的结构

波轮洗衣机由机械支撑系统、电气控制系统、洗涤脱水系统、传动系统、进排水系统组成。全自动波轮洗衣机的结构如图 6.1.2 所示。

（1）机械支撑系统（见图 6.1.3）

① 外箱体是洗衣机的外壳，除对洗衣机有装饰作用外，还有两个作用：一是保护洗衣机内部零部件；二是起支承和紧固零部件作用。

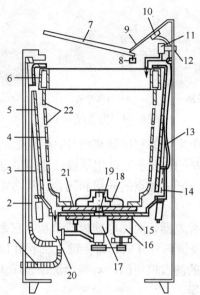

1—排水管；2—溢水管；3—吊杆；4—脱水桶（内桶）；5—盛水桶（外桶）；6—平衡杯；7—盖板；8—安全开关；

9—控制面板；10—水位控制器；11—进水电磁阀；12—进水接头；13—压力软管；14—贮气室；15—支架；

16—电动机；17—离合器；18—波轮；19—脱水轴；20—排水电磁阀；21—法兰盘；22—脱水孔

图 6.1.2 全自动波轮洗衣机的结构

（a）外箱体 （b）减震吊杆组件

图 6.1.3 机械支撑系统

② 控制台位于洗衣机上部，是安装和固定电气元件、操作件的部件。根据其功能不同控制台大致可分为两种形式：一种是机电式控制的全自动洗衣机，通常采用凸台式；另一种是微电脑控制的全自动洗衣机，一般采用平台式。

③ 离心桶、盛水桶复合套装在一起，用底板拖住，在底板下面固定有电动机，这一整套部件都是依靠支撑吊杆装置而悬挂在外箱体上部的四只箱角上，吊杆除起吊挂作用外，还起着减震作用，以保证洗涤、脱水时的动平衡和稳定。

④ 吊杆：套桶洗衣机的盛水桶、洗涤桶套装在一起，由钢底板托住。在底板下面安装着电动机、离合器、排水电磁阀等。所有这些部件都通过 4 根吊杆悬挂在箱体上端口的 4 个角撑上，除了起支撑作用外还具有减震功能。

（2）电气控制系统（见图 6.1.4）

安全开关又叫盖开关和门开关，在洗衣机运行过程中起安全保护作用。该开关通过固定架用螺钉紧固在洗衣机控制台后部内侧的位置上，其盖板杆伸出在洗衣机盖板后端凸出部分的上方，而安全杆则下垂在盛水桶外侧，并于盛水桶保持一定距离。

（a）电脑程控器　　　　（b）电源开关　　　　（c）安全开关

图 6.1.4　电气控制系统

目前，在全自动洗衣机上所采用的程序器有两种：机械电动式程控器和电脑程控器。机械电动式程控器通常是由一只 5W、16 极永磁单相罩极低速同步电动机作为动力源，驱动齿轮减速机构和凸轮动作，来控制各路开关触点的开启和闭合，从而完成进水、洗涤、漂洗排水、脱水等程序。

电脑程控器也叫电子程序控制器，简称电脑板或 P 板。它是采用带有 ROM 的大规模集成电路外加稳压电源、振荡器、监测信号开关、命令键、显示用 LED、蜂鸣器、控制用双晶闸及信号放大器等组成了一个完整的洗衣机电脑，对整个洗涤程序进行监测、判断、控制和显示，取代了传统的机械电动式程控器。

（3）洗涤脱水系统（见图 6.1.5）

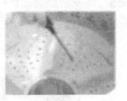

（a）洗涤脱水桶　　　　（b）盛水桶　　　　（c）波轮

图 6.1.5　洗涤脱水系统

盛水桶用于盛放洗涤液和漂洗水，其固定在钢制底盘上，桶的上口部装有密封盖板，用于增强盛水桶的强度，并防止洗涤液和泡沫进入箱体内。桶底部正中开有圆孔，与离合器上的大油封配合，以防止漏水。桶下部侧臂上开有导气管接嘴口，通过导气软管与水位压力开关相连接，控制桶内的废水从此口排出。

由于全自动洗衣机的洗涤桶同时兼做脱水桶，因此在桶的内壁上嵌有循环水槽和线屑过滤器，且设计有许多凸筋和凹槽。另外，在洗涤桶底部装有连接盘，同时通过连接盘将洗涤桶和离合器的脱水轴连接固定在一起。为了减少脱水桶不平衡运动，在脱水桶设置了液体平衡圈，平衡圈是由上、下两部分胶合而成的塑料空心圈，它利用陀螺仪的原理来进行平衡。

波轮是波轮式全自动洗衣机中对衣物产生机械作用的主要部件。它的直径、形状、凸筋数量、转动快慢、在洗涤桶内安装方式等，对洗衣机的洗涤性能都有直接影响。当转速一定时，波轮直径越大，凸筋条数越多，凸筋的高度越大，则波轮作用在洗涤液和衣物上的机械作用就越强，洗净率就越高。同时，消耗的功率和对衣物的磨损也会随之增加。因此，在设计时必须综合考虑后，确定合理的尺寸。

（4）传动系统

传动系统主要由离合器、电动机、电容、三角皮带组成，传统系统的主要部件如图 6.1.6 所示。减速离合器主要有单向轴承式减速离合器和行星减速离合器两种。

（a）离合器

（b）电动机

（c）电容

（d）三角皮带

图 6.1.6　传动系统的主要部件

1）洗衣机专用电动机型号（见表 6.1.1）

表 6.1.1　洗衣机专用电动机型号

洗衣量/kg	电动机功率/W	内桶直径/mm	脱水转速/r·min	洗衣转速/r·min
3.8	180	400～520	700～800	120～300
4.5	250	400～520	700～800	120～300
5.0	250	400～520	700～800	120～300
5.5	370	400～520	700～800	120～300
6.0	370	400～520	700～800	120～300

2）传动系统工作原理

脱水状态如图 6.1.7 所示，在脱水状态下，排水电磁铁通电吸合，牵引拉杆移动，使排水阀开启。拉杆带动阀站开启的同时，又拨动旋松刹车弹簧，使其松开刹车装置外罩，这时刹车盘随脱水轴一起转动，刹车不起作用；另一方面又推动拨叉旋转，致使棘爪 18 脱开棘爪 4，棘轮被放松，方丝离合弹簧 3 在自身的作用下回到自由旋紧状态，这时也就抱紧了离合套 2。大带轮 1 在脱水时是顺时针旋转的，由于摩擦力的作用，方丝离合弹簧 3 将会越抱越紧。这样脱水轴 5 就和离合套 2 连在一起，跟随大带轮 1 一起做调整运转。由于此时脱水轴 5 做顺时针运动，和单向滚针轴承 7 的运动方向一致。因此单向滚针轴承 7 对它的运动无限制。由于脱水轴 5 通过锁紧块与法兰盘 9

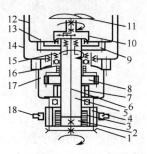

1—大带轮；2—离合套；3—方丝离合弹簧；4—棘轮；

5—脱水轴；6—输入轴；7—单项滚针轴承；8—刹车装置；

9—法兰盘；10—减速离合器；11—波轮；12—内桶；

13—紧固螺钉；14—外桶；15—密封圈；16—刹车扭簧；

17—离合器外罩；18—棘爪

图 6.1.7　脱水状态

连接，而内桶 12 与减速离合器 10 均固定在法兰盘 9 上，所以脱水轴 5 带动内桶 12 及减速离合器内齿圈的转速，与输入轴带动减速离合器中心轮的转速相同，这样致使行星轮无法自转而只能公转，从而行星架的转速与脱水轴是一样的，即波轮与脱水桶以等速旋转，保证了脱水桶内的衣物不会发生拉伤。

脱水状态传动路线是：电动机→小带轮→大带轮 1→输入轴 6→离合套 2→方丝离合弹簧 3→脱水轴 5→法兰盘 9→内桶 12。

（5）进水、排水系统

全自动洗衣机的进水系统主要由进水阀及管路组成，排水系统主要由排水阀、电磁阀、排水管路及溢水管路组成，其进水系统如图 6.1.8 所示。

1）水位开关

水位开关又称压力开关。洗衣机洗涤桶进水时的水位和洗涤桶排水时的状况是压力开关检测的。当洗衣机工作在洗涤或漂洗程序时，若桶内无水或水量不够，压力开关则发出供水信号。当水位达到设定位置时，压力开关将发出关闭水源的信号。微电脑全自动洗衣机工作在排水程序时，若排水系统有故障，水位形状则发出排水系统受阻信号。

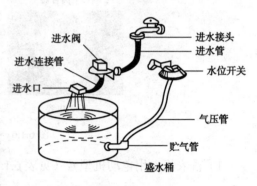

图 6.1.8　进水系统

2）进水系统

进水系统的主要组成部分是进水阀和水位开关，如图 6.1.9 所示。

（a）进水阀

（b）水位开关

图 6.1.9　进水系统的主要组成部分

进水电磁阀是全自动洗衣机上的自动进水开关，它受水位开关动断触点的控制。整个结构可分为电磁铁和进水阀两个部分。进水电磁阀的电磁铁由线圈、导磁铁架、铁芯、小弹簧等组成。铁芯装在隔水套内，可以上、下移动，它的下端有一个小橡胶塞。

进水阀主要由阀体、阀盘、橡胶膜、控制腔、进水腔、进水口、出水管及电磁铁中的铁芯等组成，如图 6.1.10 所示。阀盘上有两个孔，位于中心的为泄压孔，在阀盘边缘处的是加压针孔，而且加压针孔的孔径比泄压孔小得多，它把控制腔和进水腔连通起来。进水口处有金属滤网和减压圈。

电磁阀线圈断电时，铁芯在自重和小弹簧作用下下压，使下端的小橡胶塞堵住泄压孔，最终使橡胶阀紧压在出水口的上端口，将阀关闭，同时，因铁芯上面空间与控制腔相通，控制腔内水压的增大还会使铁芯上面空间气体压强增大，导致橡胶阀更紧地压在泄压孔上，增加了阀关闭的可靠性。

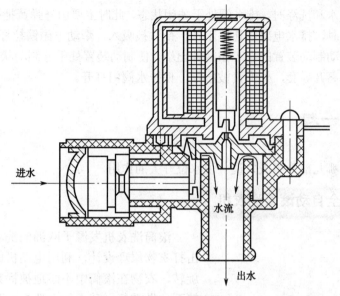

进水

水流

出水

图 6.1.10　进水电磁阀的结构

当进水电磁阀线圈通电后，产生的电磁吸力将铁芯向上吸起，泄压孔被打开。控制腔内迅速从泄压孔中流入出水管，同时经泄压孔注入控制腔的水又进行补充。但由于加压孔比泄压孔小，使控制腔内的压力迅速下降。当控制腔中的水压降到低于进水腔时，橡胶阀被进水腔中的水向上推开，水从进水腔直接进入到出水管，从南面注入盛水桶。水到位后，由水位开关切断进水电磁阀线圈的电源，进水阀重新关闭。

3）排水系统（见图 6.1.11）

排水电磁阀主要由电磁铁和排水阀组成。排水阀由阀座、阀盖、橡胶阀、导套、内弹簧、外弹簧、拉杆等组成。外弹簧是压簧，由它将橡胶阀压紧在阀座上。内弹簧是拉簧，它处于拉紧状态，但因导套关系，使它只把拉杆拉紧在导套上而对橡胶阀不起作用。排水阀与电磁铁由拉杆来连接。排水阀的结构如图 6.1.12 所示。

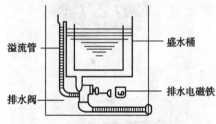

图 6.1.11　全自动波轮洗衣机的排水系统

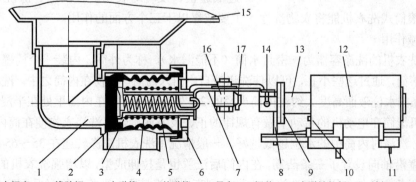

1—排水阀座；2—橡胶阀；3—内弹簧；4—外弹簧；5—导套 6—阀盖；7—电磁铁拉杆；8—销钉；9—基板；
10—微动开关压钮；11—引线端子；12—排水电磁阀；13—阀铁；14—开口销；15—外桶；16—挡套；17—刹车装置伸出端

图 6.1.12　排水阀的结构

洗衣机处在进水和洗涤时，排水阀处于关闭状态，此时主要由外弹簧把橡胶阀紧压在排水阀座的底部。排水时，排水电磁铁通电工作，衔铁被吸入，牵动电磁铁拉杆，由于拉杆位移，在它上面的挡套拨动制动装置的刹车扭簧伸出端，使制动装置处于非制动状态。另一方面随着电磁铁拉杆的左端离开导套，外弹簧被压缩，使排水阀门打开。

想一想

波轮洗衣机由哪几部分组成？说一说水位开关的作用。

第3步　全自动滚筒洗衣机

图 6.1.13　滚筒洗衣机的外形

滚筒洗衣机发源于欧洲的洗衣机，是模仿棒锤击打衣物原理设计，利用电动机的机械做功使滚筒旋转，衣物在滚筒中不断地被提升摔下，再提升再摔下，做重复运动，加上洗衣粉和水的共同作用使衣物洗涤干净。

滚筒洗衣机的发展最为成熟，多年来在结构上没有多少变化，基本是不锈钢内桶，机械程序控制器。磷化、电泳、喷涂三重保护的外壳和两块笨重的水泥块用于平衡滚筒旋转时产生的巨大离心力，由于用料比波轮洗衣机好，所以寿命一般在 15～20 年，而以塑料件为主的波轮寿命一般只有 8～10 年左右。滚筒洗衣机的外形如图 6.1.13 所示。

1. 滚筒洗衣机的工作原理

它是将洗涤衣物放在滚筒内，注入少量有洗涤剂的水，然后照洗涤程序进行加热洗涤。滚筒子通过低速正、反转对衣物进行洗涤、漂洗，采用离心甩开脱水。滚筒式洗衣机能将衣物洗净，主要依靠以下三个方面的作用。

（1）机械作用

滚筒式洗衣机的洗涤容器为一密封水筒（不能漏水），称为外筒。内装一个筒壁上有无数小孔的不锈钢滚筒，通过这些小孔，可以使洗涤液自由出入内筒，衣物在内筒之中。洗涤液盛放在外筒里，洗涤的水位液面高度大约在内筒半径的 2/5 处，可使衣物在内筒里处在半浸泡状态。洗涤时，洗衣机滚筒在电动机的带动下做有规律的正、反方向旋转，洗涤衣物便在筒内翻滚揉搓。一般情况下，洗涤时内筒中的水位越低越好，一般情况下洗衣机洗涤转速在 35～65 转之间。

滚筒内壁沿轴向设置了三条凸筋，在内筒后法兰也是拉伸成型，以增强洗衣机的洗涤效果，依靠滚筒内三条凸筋的作用，将洗涤衣物举升到高出洗涤液面。当将织物举升到高出洗涤液面的某一高度时，洗涤衣物在自身重力作用下，自由跌落在洗涤液中，这样，洗涤衣物在洗涤液中与滚筒内壁和加强筋或拨水叶、内筒后法兰之间产生相互摩擦，产生"揉搓"作用。随着滚筒不断地正、反方向运转，织物也不断地被反复托起和落下，并不断地与洗涤液发生撞击。与此同时，滚筒壁上的举升筋一次不可能把衣物全部带动，只能带动靠近筒壁的衣物。于是，各层织物之间、织物与筒壁之间不断地发生相对运动产生摩擦，从而使衣物充分变形，这些作用类似于手揉、揉搓、刷洗、甩打、敲击等手工洗涤的作用，从而使衣物洗涤得更均匀，达到去污、洗净的目的。

（2）化学作用

现代洗涤剂（一般为洗衣粉）化学成分较为复杂，它一方面起保护衣物、减少洗涤时衣物磨损的作用，还起着溶解衣物的污垢、产生膨润的现象，使洗涤衣物中的污垢脱落并使其悬浮于碱性溶液中的作用。

（3）热作用

滚筒式全自动洗衣机可对洗涤液进行加温选择，热洗时，可让洗涤剂充分发挥其作用。当洗涤液温度接近沸点时，对被洗衣物还有消毒作用。

2．主要组成

滚筒洗衣机由洗涤部分、传动部分、减震支撑部分、进排水部分、加热部分、控制部分、操作部分组成，如图 6.1.14 所示。

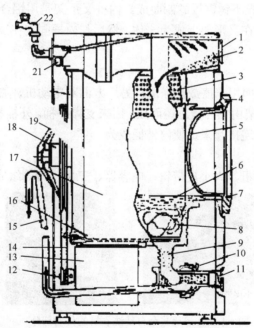

1—操作面板；2—洗涤剂；3—内桶；4—远行前窗；5—玻璃视孔；6—洗涤液面；7—异型密封圈；8—洗涤物；9—外桶排水管；
10—排水泵；11—过滤器；12—小皮带轮；13—双速电动机；14—传动三角带；15—排水管；16—加热器；17—外桶；
18—轴承与轴承座；19—大皮带轮；20—外桶的丫型支架；21—进水电磁阀；22—自来水龙头

图 6.1.14　滚筒洗衣机的组成

（1）洗涤部分

洗涤部分主要由外桶总成、外桶前盖、内桶铆接、外桶扣紧环、密封圈、外桶叉形架等组成，如图 6.1.15 所示。

外桶总成

密封圈

外桶叉形架

外桶扣紧环

外桶前盖

图 6.1.15　滚筒式全自动洗衣机的洗涤部分

1）内桶及内桶叉形架

内桶又称滚筒，它与滚筒洗衣机对衣物进行洗涤以及洗涤效果有着直接的关系。内桶一般是用厚度 0.4～0.7mm 的抛光不锈钢板卷制而成。内桶叉形架是用铝合金压铸而成的，在压铸过程中主轴和轴衬套被压铸在叉形架上成为一体，然后与内桶固定在一起，支撑内桶与外桶配合完成洗涤工作。

2）外桶及外桶叉形架

外桶也称盛水桶，一方面用来盛放洗涤液，另一方面对电动机、加热器、温度控制器等部件起支承架作用。外桶叉形架由铝合金压铸而成，用来支撑外桶。外桶叉形架内装有两个轴承，用密封圈把外桶及内桶转轴连接起来，使内外桶成为一体。

（2）传动部分

传动部分主要由主电动机、大小皮带轮、电容器、三角皮带等组成，如图 6.1.16 所示。

主电动机

大小皮带轮

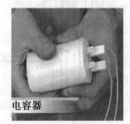
电容器

三角皮带

图 6.1.16　滚筒式全自动洗衣机的传动部分

滚筒式洗衣机在洗涤状态和脱水状态时，其滚筒的转速相差较大，要求电动机的速比达1:6，采用一般单绕组的调速方法很难达到这一点，因此目前的洗衣机广泛采用的单相电容运转异步电动机，这是洗衣机的主驱动力源。它有两套组装在同一定子上，使之有不同的转速，就相当于两个不同转速的电动机合为一体。

滚筒式洗衣机在洗涤或漂洗时，要求电动机正、反向周期性低速运转。在脱水时，要求电动机单向高速运转。对于双速电动机来说，洗涤或漂洗时，电动机的低速绕组得电，而高速绕组不工作；脱水时的情况正好相反，且两种状态使用同一个电容器。

与双速电动机配套使用的电容器串接在启动绕组回路中，由于电容器的容抗作用，可使流入启动绕组的电流在相位上超前于主绕组电流一个电角度，从而形成旋转磁场，致使电动机启动运转。

滚筒式全自动洗衣机通过传动带进行动力传递。大、小传动带轮均采用铝压铸件，大传动带轮被螺钉紧固在从外桶叉形架中伸出的滚筒主轴上，小传动带轮装在电动机转轴上。传动部分的结构图如图 6.1.17 所示。

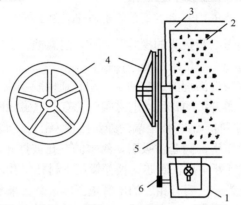

1—电动机；2—内桶；3—外桶；4—大皮带轮；5—小皮带轮；6—皮带

图 6.1.17　传动部分的结构

（3）减震支撑部分

减震支撑部分主要由挂簧、减震器、箱体底角、外箱体组成，如图 6.1.18 所示。

挂簧

减震器

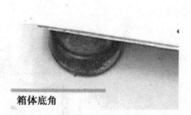
箱体底角

图 6.1.18　滚筒式全自动洗衣机的减震支撑部分

挂簧的作用：外桶采用整体吊装形式，上端由四个拉伸弹簧将外桶吊装在外箱的 4 个顶角上，使洗衣机在工作时有较好的随机性。

减震器支撑在外箱体底部，与 4 个拉伸弹簧一起将外桶和外箱体连接在一起。洗衣机工作时，尤其是脱水时产生的震动将通过弹簧和阻尼片衰减，使洗衣机在工作时有足够的稳定性。外箱体底部的 4 个底脚可以调整，使整个洗衣机有良好的稳定性。

（4）进排水部分

进排水部分分为进水部分和排水部分。

1）进水部分

进水部分主要由洗涤内桶、进水管、进水电磁阀、内进水管、洗涤剂盒、溢水管等组成，如图 6.1.19 所示。

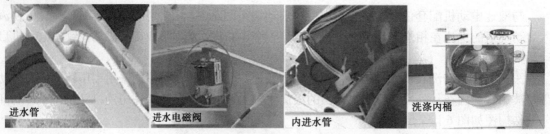

进水管　　　　　　进水电磁阀　　　　　　内进水管　　　　　洗涤内桶

图 6.1.19　滚筒式全自动洗衣机的进水部分

　　进水管由两端带有紧固螺纹管接头的橡胶管制成，耐腐蚀、耐老化、耐高水压。一端与洗衣机的进水电磁阀连接，另一端与自来水龙头连接。

　　内进水管是连接电磁阀与洗涤剂的进水通道，用普通橡胶制成。

　　进水电磁阀起着控制水源开关的作用。电磁阀门上有一电磁线圈，线圈内有一圆柱形可磁化的防锈金属芯，设接通电源时，钢芯被上端的弹簧压住，密封住阀中的气体，阀门是关闭的。接通电源后，由于电磁力的作用，阀芯被吸引，阀中的气孔被打开，自来水通过自身的压力，将阀门打开，水从阀中流过。断电后，阀芯又被弹簧压下封住气孔，阀门紧闭。所以要想打开进水电磁阀必须具备两个条件：一要有相应的电源电压，二是自来水要有一定的压力。进水电磁阀的结构如图 6.1.20 所示。

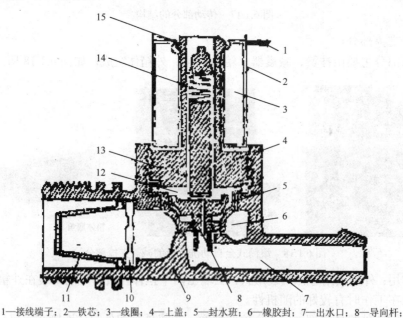

1—接线端子；2—铁芯；3—线圈；4—上盖；5—封水班；6—橡胶封；7—出水口；8—导向杆；

9—阀体；10—流量阀；11—过滤网；12—橡胶垫；13—磁芯；14—弹簧；15—磁芯套

图 6.1.20　进水电磁阀的结构

　　洗涤剂盒是由洗涤剂盒上盖、分水联动机构、洗涤剂盒骨架、洗涤剂盒抽屉组成，如图 6.1.21 所示。洗涤剂盒上盖内有分水槽和喷嘴组成。当自来水进入洗涤剂盒上盖内时，由喷嘴根据程度指令将水喷到指定的水槽内，水又由该水槽中的小孔流下，流到洗涤剂盒抽屉里，进入洗衣机盛水桶内。

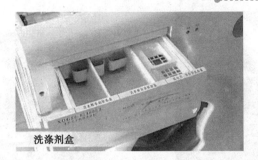

图 6.1.21 洗涤剂盒

洗涤剂抽屉盒内分成 A、B、C、D 四格，分别放入不同的洗涤剂。

分水联动机构是洗涤剂盒与程序控制器之间的连接机构，它是由小扇齿轮、大扇齿轮、摩擦垫、杠杆臂、控制杆、喷嘴六种塑料件和弹簧组成，安装在洗涤剂盒上盖和程控器之间，它的一端与洗涤剂盒上盖喷嘴柄连接，另一端与程序控制器分水凸轮接触。当程序控制器工作时，凸轮控制分水联动机构，由自来水按照程序要求，自动分配进水。

2）排水部分

排水部分主要由过滤器、泵连接管、排水泵、排水管等组成，如图 6.1.22 所示。

过滤器

泵连接管

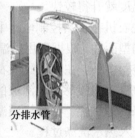
分排水管

排水泵

图 6.1.22 滚筒式全自动洗衣机的排水部分

过滤器是由过滤器体、过滤器网、过滤器塞子和过滤器密封圈 4 种零件组成。其中，过滤器密封圈采用耐酸碱橡胶制成，它们固定在箱体右下方，打下过滤器门就可以看到。

过滤器体有 4 个孔，最大的孔通过排水管与排水泵连接；最细的孔是气孔，通过一根气管与鼓风室相连；其余两个孔，一个是通过排水管与外桶相连，另一个是通过橡胶管与冷凝室相连。它的作用是过滤洗涤液中绒毛，纽扣、硬币等杂物，以免堵塞管道和损坏排水泵。过滤器安装在洗衣机外箱体的右下方，可以定期打开过滤网清洗杂物，保证排水畅通。

滚筒式全自动洗衣机的排水方式一般采用上排水方式，且不设排水阀门，而是通过排水泵进行排水。排水泵体由塑料注塑成型，安装在洗衣机外箱体内的右下方。排水泵是由电动机、泵体、叶轮、风叶等组成。在电动机带动下，高速旋转的叶轮将水加压上排。

排水泵连接管用耐酸碱橡胶制成，是过滤器和排水泵之间的连接管，其两端的卡环分别卡在过滤器和排水泵的进水口上。

排水管是一种用橡胶和塑料复合而成的塑料橡胶管，耐酸碱，耐老化，耐高温，抗弯折。它的一端用卡环卡在排水泵的出水口处，另一端有一弯钩，可直接挂在水池边沿，洗衣机的废液通过排水泵由排水泵管排出机外。

（5）加热部分

加热部分主要由加热器和温度控制器组成，如图 6.1.23 所示。

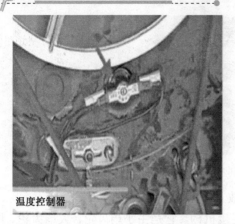
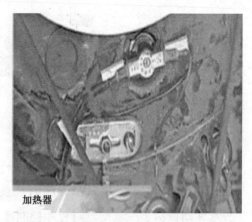

温度控制器   加热器

图 6.1.23 滚筒式全自动洗衣机的加热部分

加热装置一般都采用管状加热器，安装在外桶的底部，位于外桶与内桶之间。加热器由固定板用螺钉紧固在外桶的后端面上。为防止洗涤液的渗漏，在连接处还用橡胶垫密封。

加热器的功率都很大，一般有一千多瓦或几千瓦。有的洗衣机具有加热功率选择，一般采用双管或三管加热器。只有一组电热丝工作时，功率较低，加热速度较慢。两组或三组电热丝同时工作时，洗涤液的温度就升得较快。

带有加热器的滚筒洗衣机在加热控制电路中都有温度控制器，以便控制洗涤液的温度。温度控制器有定值型和可调型两种，根据所用感温元件的不同，又有双金属片温控器、磁性温控器、饱和蒸气压力式温控器多种。在滚筒式洗衣机上使用较多的是碟形双金属定值型温控器。

温控器安装在外桶底部，直接感受洗涤液的温度变化。当洗涤液温度达到 40℃时，动合触点闭合，洗衣机边洗涤、边加热。当洗涤液温度升高到 60℃时，动断触点断开，加热器断电，停止加热，洗衣机进入热水洗涤过程。

（6）控制部分

控制部分主要由程序控制器、压力开关、电源开关组成，如图 6.1.24 所示。

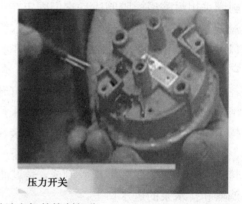

程序控制器   压力开关

图 6.1.24 滚筒式全自动洗衣机的控制部分

洗衣机的整个工作过程的控制是由程序控制器来控制实现的。洗衣过程的控制可分为时间控制和条件控制两部分。时间控制是指内桶每次正、反向运转洗涤、排水、进水、加温、脱水、结束等程序的编排和时间的控制。条件控制是指根据洗衣机所处的工作状态，如注水时水位不到额定水位，条件不具备，水位开关不动作。加热时，洗涤液温度达不到所设定的额定值，温度条件不具备，温度控制器不动作，则洗衣机不能进入下一程序。

压力开关由外壳、动静触点、橡胶膜片和气室等组成。水进入盛水桶后，水位管口很快被封闭。随着水位上升，封闭在水位管内的空气压强与水位成正比地增长。水位开关气室内的压强也随之增大，橡胶膜片向上鼓起，推动塑料顶杆向上移动。当水位到达设定的位置时，气室内的压强也增大到一定值，塑胶顶杆正好能顶动触点转换，即动触点与上面的静触点断开，与下面的静触点闭合。随着桶内水位的下降，气室内的压强减小，橡胶膜片逐渐复位，由顶杆带动触点复位。

（7）操作部分

操作部分主要由操作盘总成、前门总成等组成，如图 6.1.25 所示。

 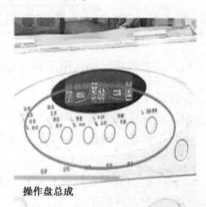

前门总成　　　　　　　　　操作盘总成

图 6.1.25　滚筒式全自动洗衣机的操作部分

操作盘由操作骨架（前面板）、程序标牌（前装饰面板）、琴键开关、程控器旋钮及指示灯组成。

前门由门内环、门外环、玻璃碗、密封圈、手柄、手柄按钮、门手柄抓钩、门手柄销、手柄弹簧及按钮弹簧等组成。

想一想

分析全自动滚筒洗衣机进脱水过程。

任务二　洗衣机故障与维修

学 习 目 标

① 了解洗衣机拆装的常用工具。
② 了解洗衣机故障检修总体思路。
③ 掌握全自动波轮洗衣机的故障与维修方法。
④ 掌握全自动滚筒洗衣机的故障与维修方法。

工 作 任 务

① 掌握全自动波轮洗衣机的故障与维修方法。
② 掌握全自动滚筒洗衣机的故障与维修方法。

第1步 全自动波轮洗衣机故障与维修

1. 洗衣机拆装的常用工具（见图6.2.1）

（1）普通工具

根据拆装部件不同需要用不同的工具，常用的工具有一字螺丝刀、十字螺丝刀、小尺寸活扳手、内六角扳手、钢丝钳、手锉、尖嘴钳、弹簧钳、剪刀、拨线钳和电烙铁等。

（2）专用工具

拆卸洗衣机的专用工具有长杆内六角套筒扳手、皮带轮扒子、钉子形六角扳手、丁字形十字螺丝刀、短把六角扳手等。

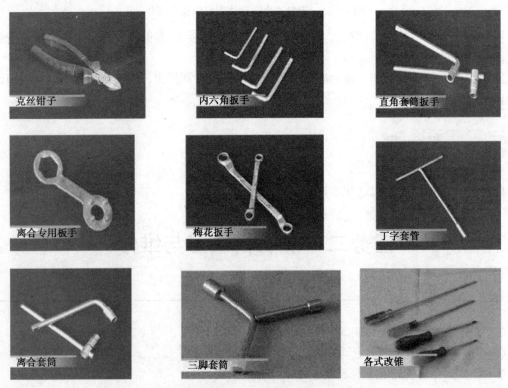

图 6.2.1 常用拆装工具

2. 家用洗衣机故障检修思路

（1）洗衣机总体检修思路

1）通过听和看初步确定故障部位

检修前应对洗衣机发生故障的过程及现象有所了解，然后具体观察，通过再次开机和拆机初步判断故障原因和部位。

洗衣机分为普通型、半自动型及全自动型，同一故障现象因型号不同其故障原因应有所区别。如开机时正常，但在洗涤中洗衣机突然停转，此类故障对普通洗衣机来说，可能是电源线路不良、传动皮带脱落、波轮卡死或洗涤电动机烧毁等；但对电脑全自动洗衣机来说，除电源故障和电动机故障外，还应重点检查电脑板有无问题。

2）利用仪表测试判断故障部位

用仪表测试，就是对有怀疑的电路和元器件进行检测，并将测得的数据与标准值对比，从而判断电路或元器件是否正常。

（2）具体故障现象的检修思路

1）整机不工作

检修思路：整机不工作是指开启洗衣机后，无论进行脱水或烘干均不能工作。其故障现象主要有两种：一种是开机指示灯亮，但整机不工作；另一种是开机指示灯不亮，整机不工作。整机不工作的故障范围较宽，分以下三部分进行说明。

① 电源部分：如果开机时电源指示灯不亮，则说明故障出在电源部分，应重点检查电源整流滤波电路及变压电路。

② 负载部分：如果开机即烧熔断器，则说明负载部分存在短路性故障，应重点检查洗涤电动机、脱水电动机和烘干发热元器件等。

③ 面板控制电路部分：如果开机后电源指示灯亮，但整机不工作，则故障大多在面板控制电路部分。对于普通型洗衣机，面板控制电路部分故障较小；而全自动洗衣机由于采用单片机，当单片机出现故障时，会出现整机不工作故障，检查单片机故障时，应重点检查单片机微处理器的复位信号、电源电压和时钟信号是否正常。

2）进出水异常

检修思路：洗衣机进出水异常包括洗衣机不进水、进水缓慢、进水不止、边进水边排水、不排水、排水缓慢、漏水等。出现上述故障均与进水系统、排水系统有关，分别进行以下分析。

① 不进水：普通洗衣机的进水形式有两种，即顶部淋洒和底部喷涌，两种形式均系机械式，通过手动进行控制。当出现不进水现象时，应重点检查管路有无问题。

全自动洗衣机注水是通过微电脑 IC 来控制的，若出现不进水现象，应对机械部分、控制电路部分及微电脑 IC 部分进行检查。

② 进水不止：进水不止是全自动洗衣机注水程序的故障之一，但由于能进水，说明电源、水压均正常，进水不止的原因大多是由于进水阀及其控制进水阀的元器件有故障。

③ 不排水或排水缓慢：普通洗衣机的排水系统是机械式的，通过手动操作排水钮来实现排水。普通洗衣机不排水及排水缓慢的主要原因：排水阀拉带脱落；排水阀内部被杂物堵住；排水管在机箱内折成死角或被压瘪；排水阀拉带栓松动。

④ 漏水：洗衣机漏水故障较简单，但它是洗衣机的常见故障。出现漏水的故障部位主要

有洗涤桶裂缝，洗涤轴油封不良，前视孔密封圈老化，排水阀密封不严。

3）洗涤不正常

检修思路：引起洗涤不正常的原因主要有三个：一是洗涤控制电路不良；二是洗涤电气部分元器件损坏；三是洗涤机构卡阻。

4）脱水异常

检修思路：脱水异常主要表现为脱水桶不转、脱水桶跟转现象。引起此类故障的主要原因：脱水电动机或启动电容损坏；脱水电动机减速离合器抱轴；脱水传动机构有问题；脱水安全盖或安全开关不良。

5）蜂鸣器不响

检修思路：引起蜂鸣器不响的原因主要有蜂鸣器本身损坏，蜂鸣器驱动电路失常，蜂鸣器控制电路有问题。

6）控制失灵

检修思路：洗衣机控制失灵的主要表现有不停机、不能启动、不能正转或反转、自动断电、自动停机、不能按指定的程序工作等。引起此类故障的原因很复杂，主要有安全开关失灵、启动电路不良、程序控制性能不良、电路漏电等。

7）漏电

检修思路：洗衣机漏电分为感应漏电和线路漏电。感应漏电主要是由于线路或绝缘体绝缘性能下降而引起的轻微漏电，而线路漏电主要是由于线路断脱且搭接引起的大电流漏电。检修时，首先直观检查线路是否断脱，再检查各电动机是否绝缘不良，检修时，采用局部检查法分段进行检查，如分开某一部位后，故障消失，则说明拆除部分存在漏电。

8）噪声

检修思路：引起噪声故障的原因主要是机械磨损、过载或异物卡阻。

3．全自动波轮洗衣机的主要故障现象及检修方法（见表 6.2.1）

表 6.2.1　全自动波轮洗衣机的主要故障现象及检修方法

故 障 现 象	故 障 原 因	检修方法和排除措施
通电后不进水	① 自来水水压太低 ② 进水电磁阀金属过滤网被杂物堵塞 ③ 进水电磁阀线圈烧毁 ④ 水位开关触点接触不良 ⑤ 程控器损坏	① 检查水压，如自来水流量太小，只能待其正常后再使用 ② 检查过滤网，如有杂物堵塞，则清除 ③ 用万用表检测进水电磁阀线圈，如损坏则更换进水电磁阀 ④ 检查水位开关触点，如有问题则更换水位开关 ⑤ 用万用表测量进水电磁阀线圈两端有无电压，再查程序控制器输出端有无信号输出，如程序控制器无信号输出，则用替代法检查，如确定为程序控制器损坏只能更换
进水不止	① 进水电磁阀损坏 ② 水位开关气压传感装置漏气 ③ 水位开关动断触点烧结在一起	① 拔下电源插头，如进水还是不停，说明进水电磁阀已坏应该更换 ② 检查水位开关内部有无漏气，如有则更换水位开关；检查气室与压力软管的连接处连接是否可靠，如脱落则重新固定 ③ 检查确认后更换水位开关

续表

故障现象	故障原因	检修方法和排除措施
不能排水	① 机械故障：排水管路堵塞、排水空芯拉簧脱落或断裂 ② 电气故障：电磁铁线圈烧毁、电磁铁吸合无力、电路连接不通及程序控制器损坏等	① 洗衣机进入排水状态时，听有无排水电磁铁吸合声，如有则一般为机械故障。这时只要重点检查排水阀，如损坏则更换 ② 进入排水状态时，听若无排水电磁铁吸合声则一般为电气故障。如电磁铁线圈烧毁，只能更换；通过测量排水电磁铁两端的电压可以判断电路是否存在断路现象，如有可在断电后用万用表逐点检测电路中的有关接点，找到断路点后做出相应处理；如为程序控制器损坏，则更换
通电后指示灯不亮，程序不能进行	① 电路断路 ② 程序控制器损坏	① 电源电压正常，可以用测电压法来判断。如程序控制器电源输入端无电压，则断路点在电源与程序控制器之间，找到断路点后修理 ② 程序控制器电源输入端电压正常，则故障出在程序控制器，可用替代法检查，确认是程序控制器损坏的，只能更换
工作时程序紊乱	① 离合器损坏 ② 程序控制器损坏	① 如脱水时波轮转而脱水桶不转，或洗涤时脱水桶跟转，都表明离合器损坏，可拆下离合器进一步检查，如确认则更换离合器 ② 检修或更换程序控制器
工作时程序突然停止	① 使用过程中熔丝熔断 ② 程序控制器损坏	① 检查电路中是否有短路现象，如在进水过程中停止，重点检查进水电磁阀；如在排水过程中停止则重点检查排水电磁铁；电磁铁损坏的应更换。如都完好，则可能是电磁铁吸合时受阻引起过载电流。排除引起过载的原因后再更换熔丝 ② 更换程序控制器
采用单片微电脑程序控制器的洗衣机，按功能选择键无效	① 电路中存在故障 ② 程序控制器损坏	① 如按键后指示灯做出正确指示，但状态不变，表明键输入电路和单片微电脑工作正常，应重点检查负载及程序控制器中的驱动电路。如发现损坏，则更换。如按键后指示灯和洗衣机状态不变，故障通常是按键坏或键输入电路断路，应更换或修理 ② 更换程序控制器
不能脱水，指示灯出现闪烁，并发嘟嘟声	单片微电脑洗衣机中安全开关未接通，使单片微电脑自动转入保护程序	检查安全开关接触是否正常，它与程序控制器的接插件有无松动或脱落，连接线有无断裂等，无法修复的应更换
水到位后波轮不运转，且无嚓嚓声	① 电气线路不通 ② 电动机绕组断路	① 检查电气线路的连接情况，做出相应修理 ② 检查电动机绕组，如断路，则修理或更换电动机
水到位后波轮不运转，且有嚓嚓声	① 传动带轮松脱或严重磨损 ② 电容器损坏 ③ 波轮被卡住 ④ 离合器损坏	① 重新紧固或更换 ② 检测确认后更换 ③ 清除异物 ④ 检查离合器后对故障部位进行修理或更换
波轮只能单方向运转	离合器棘爪与棘轮配合不当，使抱簧未被拨松	调节拨叉上的螺钉加以校正

故障现象	故障原因	检修方法和排除措施
洗涤时脱水桶跟转	离合器出现故障	如为脱水桶顺时针跟转,则是刹车带失灵,可进行调整或更换;如为脱水桶逆时针跟转,则是扭簧失灵;如扭簧脱落可重新装配好;如扭簧断裂则要更换
脱水桶不运转	① 安全开关接触不良 ② 离合器中的抱簧未拨紧	① 检查安全开关触点,如触点氧化,可用细砂布仔细打磨;如损坏严重则要更换安全开关 ② 检查离合器棘爪是否放松棘轮,如未放松则调整棘,无法调整的只能更换离合器
脱水时震动和发出噪声	① 放入脱水桶的衣物未压紧压平,造成脱水桶旋转时严重失去平衡 ② 桶体安装位置不正 ③ 平衡环破裂漏液,失去平衡作用	① 只要把衣物压紧压平,就能使脱水桶旋转时基本上做到动平衡 ② 用手按脱水桶,看其能否复位,如不能复位,说明吊杆安装不正,应重新调整 ③ 热焊修补,同时注入 1.2kg 左右、浓度 70% 的食盐
脱水时制动失灵	① 盖板杆变形或安全开关动、静触点间距过小 ② 离合器中刹车带位置偏移	① 校正盖板杆或校正安全开关动、静触点间距 ② 重新装配或更换离合器
噪声大	① 整机安放不平衡 ② 进水电磁阀阀芯松动 ③ 波轮安装不平或者波轮变形 ④ 离合器损坏 ⑤ 电源电压过低,排水电磁铁吸合时产生的电磁吸力不够或磁轭表面生锈、有灰尘和杂物,使排水电磁铁不能吸合 ⑥ 电动机损坏	① 调节底脚螺钉、螺母,或用木板、橡胶等垫稳洗衣机 4 个脚 ② 更换进水电磁阀 ③ 重新安装波轮或者更换同规格波轮 ④ 更换离合器 ⑤ 如电源电压低于 187V 应停止使用;如磁轭表面生锈、有灰尘和杂物,则要清除 ⑥ 松脱传动带,通电后电动机位置仍然发出声音,则可以确认电动机已损坏,应进行维修或更换
漏水	① 密封圈损坏 ② 排水阀失灵 ③ 水管连接处松脱或水管开裂	① 更换密封圈 ② 检修或更换排水阀 ③ 重新装好或更换损坏的水管
漏电	① 保护接地线安装不良 ② 电动机定子绕组受潮漏电 ③ 导线接头密封不好,受潮漏电 ④ 控制板内的电器零件漏电	① 按正确的方法安装好保护接地线 ② 拆开电动机,取出定子绕组烘干,烘干后要用 500V 兆欧表检查绝缘电阻,应大于 2MΩ 才能使用。如果定子绕组反复出现漏电现象,烘干后要浸漆处理。如果定子绕组漏电严重,要重新绕制 ③ 用良好的绝缘胶布包好接头 ④ 如因受潮引起漏电则应干燥处理;如因导线脱落引起漏电,则重新安装牢固

想一想

如何检修水到位后波轮不运转的故障？

第二步 全自动滚筒洗衣机故障与维修

全自动滚筒洗衣机的结构比较复杂，自动化程序又高，在使用过程中，难免会出现一些故障。全自动滚筒洗衣机的常见故障及检修方法如表 6.2.2 所示。

表 6.2.2 全自动滚筒洗衣机的常见故障及检修方法

故 障 现 象	故 障 原 因	检修方法和排除措施
指示灯不亮，洗衣机不工作	① 洗衣机门没关好或门开关损坏 ② 电源开关损坏或连接导线脱落	① 重新把门关好或更换门开关 ② 修理或更换电源开关，重新连接固定导线
通电后指示灯亮，但不进水	① 自来水水压太低 ② 进水电磁阀金属过滤网被杂物堵塞 ③ 进水电磁阀线圈烧毁 ④ 水位开关触点接触不良 ⑤ 程序控制器损坏	① 检查水压，如自来水水压太低，只能待其正常后再使用 ② 检查过滤网，如有杂物堵塞，则清除 ③ 用万用表检测进水电磁阀线圈，如损坏则更换进水电磁阀 ④ 检查水位开关触点，如有问题则更换水位开关 ⑤ 用万用表测量进水电磁阀线圈两端有无电压，再查程序控制器输出端有无信号输出。如程序控制器无信号输出，则用替代法检查；如确定为程序控制器损坏只能更换
水到位后，仍进水不停	① 水位开关、透明导管、水位管等的连接处松脱、漏气、导管开裂 ② 水位开关的动断触点不能断开 ③ 程序控制器有故障	① 重新固定连接，如果导管开裂则应更换 ② 用万用表的电阻挡检查水位开关的动断触点，如果水到位后阻值仍为 0，则说明水位开关内部触点或机械控制机构损坏，应更换水位开关 ③ 应先检查程序控制器各连接线有无脱落、断裂现象。如有应先做相应处理；然后参照程序控制器凸轮触点转换时序表，根据洗衣机在该状态时，程序控制器内部各触点的连接位置，来测量程序控制器有关接线端。应接通的，而实际未接通，则故障点在程序控制器内部。确认后再拆开程序控制器做进一步检修或更换
不能排水	① 排水泵连接电路断路 ② 程序控制器损坏 ③ 排水泵损坏 ④ 排水通道堵塞	① 先测量排水泵两个引出端的电压，如无电压，说明故障在程序控制器或连接电路。用测电阻法查到断路点后重新连接好；如电路连接良好，则应检查程序控制器 ② 如程序控制器无电压输出，则拆下程序控制器进一步检查，确认损坏后更换程序控制器 ③ 可通过耳听是否有运转发出的声音或用万用表测量排水泵绕组的直流电阻来判断排水泵是否损坏。绕组直流电阻正常值约 28Ω，如为无穷大，说明绕组开路，只能更换排水泵 ④ 清除堵塞物

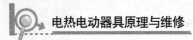
续表

故障现象	故障原因	检修方法和排除措施
排水太慢	① 排水管道中有异物堵塞 ② 排水泵内部生锈	① 清除堵塞物 ② 检查排水泵转动是否灵活，如转动不灵活，说明排水泵内部生锈，应拆下排水泵，去除锈迹，并加适量的润滑油后重新装配好
水到位后，洗衣机不洗涤	① 与电动机有关的电路不通 ② 水位开关动合触点未闭合 ③ 程序控制器损坏 ④ 洗涤液温度超过 40℃后，温控器中的动合触点未闭合	① 检查电路连接情况，查到断路点后重新连接 ② 修理或更换水位开关 ③ 主要检查程序控制器微电动机是否运转；与洗涤状态有关的触点是否完好等。如程序控制器损坏则应更换 ④ 更换温控器
洗衣机不能脱水	① 水到位后，水位开关没有复位 ② 电路连接有问题 ③ 程序控制器损坏	① 更换水位开关 ② 检查有关的连接点和连接导线，看有无脱落、断裂，如有则重新连接好 ③ 主要检查程序控制器微电动机的运转是否正常；与脱水状态有关的触点该闭合的有没有闭合。如是程序控制器损坏则更换
对洗涤液不能加热或加热不止	① 温控器损坏 ② 水位开关损坏 ③ 加热器断路	① 在洗涤液温度低于 40℃时，动断触点应维持闭合状态，动合触点应维持断开状态；温度升高到40℃而低于60℃时，两触点都是闭合的；温度超过60℃，动断触点断开、动合触点闭合。如结果不与此相符，说明温控器已损坏，应更换 ② 检查水位开关的动合触点，如果损坏，便应更换水位开关 ③ 断开电源后，用万用表的电阻挡测量加热器的冷态直流电阻。如阻值无穷大，表明加热器内部断路，应更换加热器
震动过大和产生异常噪声	① 洗衣机放置不平衡 ② 电动机内部润滑不良 ③ 部件的变形或移位 ④ 排水时间出异常声音主要是排水泵存在故障 ⑤ 脱水时发出强烈震动，主要是支撑机构出现问题	① 重新将上配重块紧固好及将 4 只底脚调整螺钉调整好 ② 加润滑油或更换损坏的零件 ③ 检查电动机风叶有无变形后碰撞电动机外壳；加热器有没有移位；有无杂物掉入内、外桶之间等。风叶变形过大，无法校正的，应更换风叶；加热器移位可重新安装好；桶内有杂物可取出加热器后，通过加热器安装孔加以清理 ④ 检查排水泵风叶是否变形，排水泵有没有损坏。查出原因后，能修的修理，无法修理的更换排水泵 ⑤ 有个别吊装弹簧脱落或在使用过程中产生较大的塑性变形，使桶体原来的平衡状态被破坏，应调整或更换弹簧
洗衣机底部漏水	① 排水泵与排水管的连接部位有问题 ② 外桶底部的波纹管没有压平 ③ 外桶扣紧环螺钉松脱或外桶密封圈有裂口	① 检查排水管有无破裂；连接部位的卡环有没有松动；排水泵泵体的密封是否完好等。如果排水管有破损，应该更换；连接不牢固，应重新装配好；排水泵密封不好，应紧固密封处的紧固螺钉 ② 将洗衣机扳倒后，用内六角扳手均匀紧固托板，使波纹管与外桶充分接触 ③ 将外桶提起来，重新紧固前盖或更换外桶密封圈

续表

故障现象	故障原因	检修方法和排除措施
前视孔漏水	① 门密封圈的唇口变形或破裂，使门密封圈的唇口与玻璃视孔的外缘不能贴紧，起不到封水的作用 ② 紧固门密封圈的弹簧卡环松动，使之密封不严，水从盛水桶中漏出	① 更换门密封圈 ②将洗衣机玻璃视孔门拆下，把洗衣机倾倒，将弹簧卡环紧固螺母重新上紧，最后重新装好玻璃视孔门
进水部位漏水	① 进水管与自来水龙头连接处封水圈中的橡胶垫没有装好或水龙头出水口不平整 ② 进水管损坏	① 重新装橡胶垫或用锉刀修整水龙头 ② 更换进水管

想一想

水到位后仍进水不停的故障原因主要有哪些？

任务三　洗衣机新技术

学 习 目 标

① 了解洗衣机的发展方向。
② 了解洗衣机目前的新技术。

工 作 任 务

洗衣机发展的方向和新技术。

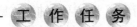 第1步　洗衣机发展方向

随着科技的发展，许多新技术已成功地应用在洗衣机上。使洗衣机由简单的"能洗衣"，发展到具有高洗净度、低磨损率、健康型、智能化、节水节能等高层次功能，满足了不同档次的需求。

1. 变频调速技术

变频调速技术通过改变电源频率来改变电动机的转速。洗衣机采用变频调速技术的主要优点如下。

① 不同的织物要用不同的水流进行洗涤。定频洗衣机因其转速单一，要改变水流形式只有通过改变转停时间比来实现，形成的洗涤水流形式有限，远远不能满足多种织物、面料的洗涤要求。变频调速洗衣机可实现不同转速下的多种水流，因而能满足高层次的洗衣要求。

② 定频洗衣机在脱水启动时，转速由零直接提升到某一高转速，转速跨度大，造成震动大、噪声大。而变频调速技术的应用可使洗衣机进行软启动，电动机转速可以由零到最高转速逐渐提升，使脱水筒平稳地旋转起来，震动极小。变频调速技术能有效地降低洗衣机的噪声。

③ 定频洗衣机由于震动大，其脱水转速受到限制，不能设计很高的脱水转速。而利用变频调速技术可以使洗衣机达到较高的脱水转速，不但能缩短洗衣时间，而且脱水率更高。例如，普通滚筒式洗衣机的最高脱水转速一般为 800r/min，而变频调速洗衣机可达到 1200r/min 以上。

2. 臭氧杀菌技术

臭氧是目前已知的最强的氧化剂之一，是广谱、高效、快速杀菌剂。它对于使人和动物致病的细菌、病毒和微生物有很强的杀灭作用。其杀菌效果与氧乙酸相当，强于甲醛，杀菌力比氯高一倍。对金黄色葡萄球菌、大肠杆菌杀灭率高达 99.5%。臭氧在常温下大约 30min 就会自行分解变成氧气，因而没有任何残留和二次污染。臭氧极易溶解于水，而生成臭氧水。臭氧水浓度在 0.1～0.2mg/L 时即可杀菌，达到 0.4mg/L 时可杀灭病毒。灭菌速度比氯及其他灭菌剂高600～3000 倍。

臭氧是由臭氧发生器产生的，一般安装在洗衣机的底部，产生的臭氧由导管源源不断地导入洗涤水中，形成臭氧水，在洗涤衣物的同时进行杀菌、除臭。此外，臭氧水还能增强洗涤剂的去污能力，提高洗衣机的洗净度。

3. 静音平衡技术

洗衣机上采用的静音平衡技术主要有以下三个方面。

① 在洗衣机的旋转部件上配置腔体内封装盐水的环形塑料平衡环。平衡环的轴线与旋转部件（洗涤桶）的轴线重合，洗涤桶旋转时，液态盐水的惯性抵消或缓冲了旋转桶的惯性，从而调整洗涤桶的偏心量，使偏心降到极低。能使洗衣机的震动降低 3 倍，并达到静音水平。另外，平衡环取代了用以起平衡作用的配重块，大大减轻了洗衣机的重量。

② 改变电动机的传动方式。传统的传动方式是间接传动，电动机通过皮带等与转动部件连接，洗衣机震动大，效率低，且皮带属于易损件。为克服这一缺点，采用的静音平衡技术是将电动机间接传动改为直接传动，使电动机轴与转动部件直接连接在一起，两者轴线重合，震动小，大大降低了洗衣机噪声。

③ 采用直流电动机代替交流电动机，可以根除交流电动机产生的交流噪声，因而大大降低洗衣机的整机噪声，是一种有效地降低噪声的措施。

4. 模糊控制技术

模糊控制洗衣机设置有电脑和多种精确的智能传感器，能模仿人类的感知功能及思维对洗衣程序进行控制。各种传感器相当于人的手、眼、耳等，可自动检测判断衣物的重量、质料、脏污程度、洗涤液温度等，并把这些信息传递给电脑。电脑对收到的信息进行综合判断后，自动设定最佳水位、最佳洗涤时间和最佳洗涤程序，控制各执行部件自动完成整个洗衣过程。使洗衣节能节时并达到最佳洗涤效果。模糊控制技术的应用使洗衣机达到了一个新的技术水平。

5. 纳米技术

纳米技术是指在纳米尺度范围内（1～100nm），通过直接操纵原子、分子、原子团或分子团，使其重新排列组成新物质的技术。运用纳米技术研制出来的物质称为纳米材料。纳米材料具有很强的抗菌杀菌作用。其抗菌机理是：使细菌体内的蛋白酶丧失活力，导致细菌死亡。

洗衣机的内外桶，由于其结构的原因不能随意清洗，每次洗涤完衣物后，就会有一些污垢粘附在桶的表面，再加上适宜的温度和湿度就成为细菌滋生的温床。如果这些细菌不能被及时杀死，就会粘附在洗涤后的衣物上，形成二次污染，危害人体健康。洗衣机应用纳米技术，是指把纳米材料添加在内外桶材料或内外桶的表面涂敷材料中，使细菌无法在桶壁上存活，从而防止细菌的滋生，达到抗菌目的。

6. 信息技术

应用信息技术的洗衣机称为信息洗衣机或网络洗衣机，是计算机技术和洗衣机技术的智能化结合。它与其他信息家电一起组成家庭内部网络，并与外部相连。通过它与维修服务网、科技网、Internet 网等连接，可以实现远程故障诊断及维护、下载不断升级的洗衣程序、上网浏览、信息咨询、收发电子邮件、网上购物等。

虽然目前已有厂家推出了包括信息洗衣机在内的多种信息家电，但由于种种因素的影响，信息洗衣机还没有正式投放市场，仍然属于概念性的东西。

第2步 新型洗衣机

为了提高自动化程度、增强洗涤效果、方便操作、节电及节水等，须要进一步完美洗衣机的功能，人们从各方面进行改进，从而出现了许多新型的洗衣机。

1. 变频洗衣机

变频洗衣机是融变频调速控制技术与现代电动机控制技术为一体的全自动洗衣机。其特点是由于采用了先进的控制系统，它比模糊控制洗衣机的功能更具人性化，其各种参数的选择空间更大，使过去采用普通型洗衣机无法实现的洗衣程序成为可能，如水位与水流、转速/节拍/时间的优化组合等，实现了人们所希望的多种洗涤方式。

① 全能洗：无级变速，其洗涤转速为 30～180r/min，其脱水转速为 300～800r/min 任意调节。

② 节能洗：因为采用了直流变频电动机，对电能的利用率高达 90%，而普通型交流洗衣机对电能的利用率只有 45～50%。变频洗衣机设有 10 挡水位，而普通型洗衣机只有 3～5 挡，用水多少可以通过洗衣机的模糊测试精确调节，也可人为调节，真正做到了"精打细算"。在洗涤过程中，水位（水量）可根据不同洗涤过程自动调节，可最大限度地节水。例如，洗涤刚开始时水位可自动调低，以提高洗涤液的浓度；漂洗时又能自动提高水位，使漂洗更彻底。

③ 静音洗：国际洗衣机噪声规定不得超过 75dB，而变频洗衣机最大脱水噪声仅为 60dB。静音洗涤/脱水程序的平均噪声更低。

变频洗衣机实现了真正意义上的"智能模糊洗涤"：它采用了最先进的传感器，能对衣物的重量、环境温度与质地进行自动判定，从而精确地控制调整洗涤转速、水位与洗衣时间，使洗衣机的功能得以充分发挥。

变频洗衣机电动机采用直流变频而不采用交流变频的原因：直流电动机突出的优点在于效能高、噪声低、控制精确，是家用电器驱动技术发展的趋势；而交流电动机虽工艺简单、成本低，但交流变频系统其调速范围窄，其效率也比直流无刷电动机低，而且由于交流电动机采用了开环控制系统，对电动机的控制精度差，其转速随负荷波动也较大。所以，家用电器采用直流变频系统比采用交流变频系统的优越性更为突出。

变频直接驱动全自动洗衣机取消了传统的行星减速离合器，使其结构大为简化，其各项技术指标又上了一个新的台阶，其整机重量大为减小，其整机成本也明显降低。

2．高档滚筒洗衣机

代表滚筒洗衣机世界顶尖水平的国际 A 级节能产品于 2000 年初在中国诞生，它比普通型滚筒洗衣机节电 30%、节水 60%。目前，世界生产滚筒洗衣机的企业中，其产品能达到 A 级水平的不足 3 家，海尔集团公司为其中之一。海尔集团公司现已推出代表国际顶尖水平、中国化设计的国际 A 级、超薄型顶开门的"小丽人"滚筒洗衣机、"手搓式"系列波轮式洗衣机、变速波轮式洗衣机、漂洗与甩干二合一型以及能节电节水 50% 的波轮式洗衣机等多种新产品。最近，海尔集团公司又推出国际 AAA 级滚筒洗衣机新产品，其耗电、耗水、洗净度均达到欧洲标准的 AAA 级。即耗电量 $C \leqslant 0.19$ kWH/KG；洗净度 $P \geqslant 1.03$；洗 5kg 衣物每次耗水量 $\leqslant 59$L。这种新型滚筒洗衣机与普通滚筒洗衣机相比，其主要优势是：节水 65%、节电 40%、洗净度高、脱水转速高（达 1600r/min）。

3．悬浮式洗衣机

2002 年元旦前，日本三洋公司推出第二代悬浮式洗衣机，它是由波轮旋转产生正向外射的水流以松散分离衣物；内桶转动产生反向内射的水流以使衣物远离桶壁，形成多种水流，对附着在衣物上的污垢进行分解、冲击、剥离，再配以从桶底喷射出的 5 道竖向的水流，使衣物悬浮于洗涤液中，故其洗净率大为提高，而其缠绕率和磨损率则大为降低，且省水、省时、省电。另外，这种新型洗衣机的上盖还独具匠心采用特殊拉丝银色材料的透明视窗，使整个洗衣过程一目了然，增加了洗衣的趣味性。

4．不用洗涤剂的洗衣机

（1）超声波电解水洗衣机

超声波洗衣机是通过超声波产生的微小气泡破裂时的作用来除垢的。超声波由插入电极的两个陶瓷震动元件产生。震动头的前端以极快的速度在微小的范围内上下震动。在震动头前端部分与衣物之间不断形成真空部分，并在此产生真空泡。在真空泡破裂之际，会产生冲击波，冲击波将衣物上污垢去除。

日本夏普公司已经开发出的超声波洗衣机是面向大型洗衣店的。最近，为使超声波洗衣机进入家庭，他们对洗衣店的超声波洗衣机进行了改进，实现了小型化。

（2）双动力洗衣机

双动力洗衣机实现了波轮和内桶双驱动、双向旋转。双动力洗衣机能产生强劲的水流，洗净率高，磨损率低，不缠绕，15min 就可轻松洗好大衣物，省水、省电各一半，且不用洗衣粉。双动力洗衣机通过采用膜化学、电渗析电解技术和 MW 专门活水处理技术，完全适合中国市场自来水水质差异较大以及洗涤物脏污程度差异较大的特点，使自来水进入洗衣机后通过化学、物理反应，产生如添加洗衣粉一样的效果，不仅能完全洗干净衣物，而且还可自动实现杀菌消毒，使洗涤物更加柔顺，洗净率高达到87.5%，按国标要求加洗衣粉的洗衣机洗净率为70%。

（3）活性氧去污垢洗衣机

活性氧去污垢洗衣机利用电解水产生的活性氧来分解衣服上的污垢。日本三洋公司利用此原理已经研制开发出这种新型洗衣机。活性氧去污垢洗衣机使用金属钛制成的电极作为阳极和阴极，并在其中保持一定的电压。由于洗衣机中的自来水含有氯等，于是水被电解并产生活性氧和次氯酸。活性氧和次氯酸均具有分解污垢和杀菌的作用，所以能够把衣服消毒和洗净。但是也有专家指出，用这种方法洗衣服，其洁净度是有限的，尚有许多技术须要进一步改进。

（4）电磁去污洗衣机

科研人员在洗衣机里安装了四个洗涤头，每个洗涤头上有一个夹子，在洗衣时将衣服夹住，每个洗涤头上还都装有电磁圈，当通电后，电磁圈就发出微震，频率可达 2500 次/s。在快速的震动下，衣服上的污垢以及附着的皮脂迅速与衣服分离，从而达到洗净的目的。

5. 物联网洗衣机

物联网洗衣机是物联网家电中的重要组成部分，据了解，物联网洗衣机具有电网识别功能，使洗衣机可以随时识别电网负荷，判断用电高峰期，从而在用电低谷时启动洗衣机，随时调整洗涤过程，从而节约能源。物联网洗衣机通过自动识别洗涤剂品类、自来水硬度、洗涤衣物重量等信息，自动判断和调整洗涤剂的投放量，选择最合适的洗涤程序，达到最好的洗涤效果。自动识别衣物布质，无须人工判断即可对不同衣物面料选择最佳的洗涤模式，节水节电，呵护衣物；此外，物联网洗衣机还具有强大的网络功能，如网上缴纳水电费、网络购物及天气预报等功能。

6. 其他类型洗衣机

目前，还有一些不用洗涤剂的洗衣机尚处在研究、试制阶段。如有一种洗衣机能在几秒钟内将洗衣机桶内的空气抽成真空状态，使水呈沸腾状，衣服在泡沫旋涡中反复搅动，2min 就能洗净衣服。洗衣机内没有旋转部件，不会损伤衣服，且无震动、噪声，也不需要洗涤剂。

想一想

你还了解哪些新型洗衣机？

做一做

实训六　洗衣机拆装

1．实验目的

① 掌握洗衣机的拆装方法与技巧。

② 掌握常用工具的使用。

③ 培养分析解决问题能力和动手实践能力。

2．实训器材

实训器材包括洗衣机部件、万用表、工具一套。

3．洗衣机的拆装方法与技巧

（1）洗衣机的常规安装方法

1）洗衣机的正确安放

① 避免安放在潮湿的地方，以防长期受潮而生锈或导线接头短路。

② 避免安放在太阳光直射到的地方或温度较高的地方，应尽量避开热源，以防止塑料件的变形和喷漆的变色。

③ 安放的地面要平整，且具有一定的强度。如果地面达不到绝对的平整，可通过调整洗衣机上的可调角，使之安放平稳。

④ 洗衣机垫起的高度最好不要超过 15cm，且不宜架空放置，否则运转中会发生较大的震动。

2）电源插座和地线安装

① 安装洗衣机的电源插座时，一定要核对洗衣机铭牌上的额定电压和额定频率。我国电网电压为 220V、频率为 50Hz。

② 电源插座离洗衣机工作位置不要超过 2.0m，如果洗衣机内没有安装熔丝，可在电源插板上安装 5A 的熔丝，以防止一旦发生短路而烧毁电表。

③ 洗衣机使用前一定要安装地线，在洗衣机机箱后部都有接地线端子或地线，可以供安装地线用。注意地线不要接在煤气管道或液化石油气管道上，也不可接在电话线及避雷针上。

3）进水管、排水管的安装

双桶洗衣机都备有进水管和排水管。安装时，首先将进水管的喇叭口接在水龙头上，进水管的另一端接在洗衣机的进水口上，再将接头左右旋转，并压到洗衣机进水口底部，以保证连接牢固，防止漏水；半自动及全自动型洗衣机的进水管是专用的，安装时，进水管的一端与洗衣机上的进水阀相连，另一端为快速接头，与自来水管相连接，具体操作步骤如下。

① 将进水管一端的套环压下，拉出管接头，旋转螺母。

② 将管接头内的橡胶圈紧紧地压贴在自来水龙头的圆形端面上。

③ 紧固接头柱面上的紧固螺钉，将进水管套环压下，并推入管接头。

④ 进水管的另一端为螺纹连接，将其拧紧在洗衣机进水电磁阀的外螺纹上即可。

⑤ 另外，洗衣机底座或机箱两侧通常都开有水管出口，出厂时为了包装方便，将排水管集缩在机箱内部，使用时，可以根据地漏位置，选择排水管位置，并用手将排水管全部拉出。注意底座上设有固定排水管的卡钩，水管拉出后，在机内的一部分管应卡在卡钩内。

（2）普通型洗衣机简易拆卸方法

1）火焰法

若洗衣机的波轮固定螺钉锈死或铝合金皮带盘由于轴套漏水而被锈住，致使轴套无法取出，则可采用火焰法进行拆卸，具体做法：将烧热的烙铁，沿波轮固定螺钉割下波轮和轴套，即可取下轴套和皮带轮。

2）水烫法

水烫法即热水加热法，该方法适用于拆卸双桶洗衣机和全自动洗衣机的波轮。具体操作方法：扭下波轮固定螺钉，向桶内注入 60℃ 左右的热水，使波轮受热膨胀，待 5min 后即可松动取出。

（3）双桶洗衣机的拆卸方法

1）进水系统的拆卸

① 用十字螺丝刀卸下后盖板紧固螺钉，取下后盖板并解开箱内导线。

② 用手抓住洗涤桶内溢水过滤罩上方的两个圆孔，向外拉出排水阀架和排水拉带。

③ 用手压下排水阀杆上方的阀架下钩，使排水拉带与挂钩分离，并拉出排水拉带。用螺丝刀取下连接三角底座与连体桶的 5 个自攻螺钉。

④ 将三角底座及其相连的控制盘旋转一个角度，向上取出三角底座下方的流水盒。

⑤ 卸下连接控制盘和三角底座的自攻螺钉，取下控制盘及安装在三角底座的注水盒。

⑥ 将注水转换拨杆拨到正中位置，再按下注水盒卡爪，使其从导向孔中脱开。

⑦ 转动注水盒手柄至三角底座的缺口处，向下取出注水盒。

2）洗涤系统的拆卸

① 卸下波轮的紧固螺钉，并用一字螺丝刀将密封圈从洗涤轴套中慢慢撬出。

② 卸下溢水过滤罩，用手握住毛絮过滤器和排水过滤罩的上部，并拔出排水过滤罩。

③ 用左手握住排水过滤器，右手握住毛絮过滤器的上部，向上拔出毛絮过滤器。

④ 卸下波轮，拧下挡圈的紧固螺钉，再从集水槽下面的水管接头上拔下循环水管。

⑤ 取出挡圈、回水管、回水罩、循环水管等组成的组件，拔出毛絮过滤网架。

⑥ 用一字螺丝刀插入毛絮过滤器框架凹处，轻轻转动，使其框架的上框和下框分离。

⑦ 用手向下轻轻拉动毛絮过滤器网袋，使其与毛絮过滤器框架脱开。

⑧ 取下后盖板，解开箱体内导线的捆扎线。

⑨ 用手慢慢转动皮带，同时用螺丝刀从小皮带轮处向下撬皮带，并将其取下。

⑩ 卸下小皮带轮与电动机轴的紧固螺钉和防松螺母，然后取下电动机小皮带轮。

⑪ 卸下大皮带轮与洗涤轴的紧固螺钉和防松螺母，并分离大皮带轮与洗涤轴。

⑫ 卸下波轮、大皮带轮后，将洗衣机翻倒在地，再卸下洗涤轴套。

⑬ 卸下洗涤轴上的卡圈，将洗涤轴从安装波轮的一端用力拔出。

⑭ 卸下洗涤轴上的密封圈，将固定洗涤电动机下端盖的 3 个螺钉取下。

⑮ 拔下洗涤电动机的引出线连接头，取出洗涤电动机、减震垫及调整套。

3）脱水系统的拆卸

① 卸下后盖板，掀开脱水桶外盖、内盖，从脱水内桶中取出塑料压板。

② 卸下脱水内桶与脱水轴法兰盘的 3 个紧固螺钉，使脱水内桶与法兰盘分离。

③ 用双手扶住脱水内桶外圈，稍微倾斜并慢慢往上提，即可取出脱水内桶。

④ 旋松联轴器的脱水轴锁紧螺母和紧固螺钉，从脱水外桶里拔出脱水桶。

⑤ 将洗衣机倒立，用毛巾塞入连接支架中心孔中，并向毛巾浇开水。

⑥ 待连接支架受热后，再掰开八个爪钩，取出水封胶囊和连接支架。

⑦ 取下后盖板，解开连接导线的捆扎线，使顶车拉杆与刹车板分离。

⑧ 掀开脱水桶外盖至最高点，将刹车压板从连体桶的卡槽中间向下压出。

⑨ 同时用手向内用力拉刹车拉杆和刹车挂板，使刹车拉杆从刹车挂板的孔中脱出。

⑩ 将洗衣机倒下，取出脱水电动机。

⑪ 拧松 3 个减震弹簧上支架的紧固螺钉，取出 3 个减震弹簧支架组件。

⑫ 拧松联轴器与脱水电动机轴的紧固螺钉和防松螺母，卸下联轴器。

⑬ 卸下刹车片与脱水电动机上端盖的紧固螺钉，然后卸下刹车片组件。

⑭ 用一字螺丝刀顶下刹车臂上的刹车块，使刹车块从刹车臂上分离。

⑮ 卸下刹车块，然后从刹车片上取下刹车弹簧和刹车钢丝。

4）排水系统的拆卸

① 卸下后盖板，拿下溢水过滤罩，露出排水阀杆。

② 卸下排水拉带，并将排水旋钮向外拔出。

③ 从三角底座上卸下 3 个自功螺钉，取下控制盘。

④ 从排水拨杆的爪部卸下排水拉带，从控制盘背面的长槽处卸下平板弹簧片。

⑤ 用十字螺丝刀轻轻将排水拨杆的卡爪由外向圆心推，使其从控制圆孔中脱开。

⑥ 卸下排水拨杆，用十字螺丝刀取下三角底座。

⑦ 卸下脱水扭盖，扭簧、脱水内桶组件，拆下排水阀弹簧、排水阀杆组件。

⑧ 卸下溢水软管，向外向下用力拆下阀杆下端的橡胶密封圈。

5）控制系统的拆卸

① 卸下后盖板并使导线散开，拆下溢水过滤罩。

② 从排水阀杆上端的阀架挂钩处卸下排水拉带。

③ 卸下排水、洗涤、脱水定时器和蜂鸣器旋钮。

④ 拧下连接三角底座和联体桶的 5 个自攻螺钉，将三角底座连同控制盘一起移开。

⑤ 拆开三角底座与控制盘的 3 个自攻螺钉，移开控制盘。

⑥ 从三角底座上卸下脱水安全开关。

⑦ 用左手勾住固定洗涤定时器的卡爪，右手拿住洗涤定时器并用手下压，同时顺时针旋转，使洗涤定时器从控制盘脱下。

（4）电脑全自动洗衣机的拆卸方法

1）机框的拆卸

① 卸下工作台与箱体固定螺钉，将工作台钳在箱体上。

②　卸下工作台与控制面板的 3 个固定螺钉，将工作台与控制面板松开。

2）电脑板的拆卸

①　用手向上掰开控制板的外边缘，使其与边框分离。

②　拧下螺钉，先取下防水板，在将电路板卸下，并从电脑板上拔下导线插头。

③　松开水位开关，安装开关及电源开关的紧固螺钉，将 3 个开关卸下。

3）波轮的拆卸

①　用十字螺丝刀旋松波轮螺钉，旋出 10cm 后用手提出螺钉，即可将波轮提起。如果提不起，可用扁口螺丝刀从波论边缘几个位置处轻轻撬起，然后再提螺钉头。

②　在拆卸波轮时，如果实在拆不下来，可先拆卸三角皮带和离合器皮带轮，再取棘轮，抱簧。对一般离合器只要卸下离合套，轻轻松开离合器内轴，然后就能将波轮连洗涤轴一起提起。

4）内桶的拆卸

①　拆下机框，将机框挂在箱体后部，注意导线和软管不能被拉断和划破。

②　用十字螺丝刀卸下内桶护圈的固定螺钉，并取出内桶护圈。

③　拆下波轮，取下波轮轴上的垫圈，用专用扳手卸下固定内桶的六角扁螺母。

④　轻轻摇晃内桶，使其松动，然后用手握住平衡圈，向上提起。

5）电动机的拆卸

取下三角皮带，松开电动机两端的固定螺钉，轻轻摇晃电动机即可取下。

6）排水电磁铁的拆卸

用尖嘴钳将衔铁上的开口销拔下，卸下固定电磁阀的螺钉，即可将电磁阀取下。

7）排水阀的拆卸

用尖嘴钳将连接电磁铁衔铁的开口销拔下，然后旋转排水阀盖，握住阀盖往外拉，即可将排水橡胶阀连同电磁铁拉杆等一起取下。

8）离合器的拆卸

①　拆卸工作台，取出波轮、盛水桶密封圈及离心桶。

②　将洗衣机横倒，取下三角皮带。

③　卸下离合器的固定螺钉，即可将离合器从箱体下部取出。

9）盛水桶的拆卸

①　拆卸工作台，取出离心桶、排水阀。

②　卸下底盘上与盛水桶连接的自攻螺钉，从箱体上拿出盛水桶。

10）大油封的拆卸

大油封一般固定在离合器上，也有的用自攻螺钉固定在盛水桶的底部，如果拆大油封，只需拆下离合器即可。

（5）滚桶式洗衣机的拆卸方法

1）程序控制器拆卸

①　卸下洗衣机上盖后边的两个固定螺钉。

②　从上盖前端用手向后排几下，即可取下上盖。

③　将程控器旋钮指针顺时针旋到停止（STOP）位置。

④　用螺丝刀从控制器旋钮的后面将程控器旋钮向外推出。

⑤ 松开导线捆扎线，使连线处于自由松散状态。

⑥ 用十字螺丝刀将安装程序控制器的两个螺钉松下，即可从操作盘上将其拆下。

2）门开关的拆卸

① 打开洗衣机机门，将门密封圈夹缝中的钢丝卡环取出，卸下密封圈。

② 用十字螺丝刀卸下门开关固定架上的螺钉，取出门开关。

3）水位开关的拆卸

① 打开洗衣机上盖，放开导线捆扎线，拔下水位管与水位开关的透明塑料连接管。

② 用十字螺丝刀卸下电器板上固定水位开关的螺钉，即可将水位开关取下。

4）双速电动机的拆卸

① 用十字螺丝刀将洗衣机后盖上的固定螺钉拆下，取下后盖板。

② 将捆扎线放松，拔下电动机插座上的连接导线。

③ 将滚桶洗衣机侧放在泡沫垫上，拆下三角皮带。

④ 用专用套筒扳手或活扳手将固定电动机的螺母拆下，拔出电动机螺杆。

⑤ 将电动机拆下并倾斜，并用一字螺丝刀将电动机地线拆下。

5）外桶叉形架的拆卸

① 卸下滚桶洗衣机的后盖板，将洗衣机向前倾倒放在泡沫垫上。

② 拆下三角皮带，将皮带轮与内筒轴的连接螺钉取下，取下大皮带轮。

③ 用万向内六角套筒扳手，将外桶叉形架与外桶的连接螺母、螺栓卸下。

④ 用橡胶锤敲击内桶轴，使内桶轴脱离外桶叉形架的轴孔。

⑤ 用力向上抬起外筒叉形架，并转动一定方向，取下外筒叉形架。

6）门密封圈的拆卸

① 将洗衣机向前倾倒放在泡沫垫上，打开洗衣机后盖。

② 将固定减震器的螺母卸下，并松开波纹管与过滤器的连接端。

③ 将洗衣机扶起，卸下洗衣机上盖和程序控制端。

④ 拆下琴键开关，将固定在琴键开关支架上的两个螺母卸下，即可取下琴键开关。

⑤ 取出洗涤剂盒抽屉，用十字螺丝刀将洗涤盒上固定在箱体上的螺钉卸下。

⑥ 用双手拿住洗涤剂盒，向洗衣机的上方，后方用力取出洗涤剂盒。

⑦ 将洗涤剂盒与回旋进水管之间的紧固钢丝卡圈拧松，即可取出洗涤剂盒。

⑧ 用一字螺丝刀将固定进水阀的两个螺钉从箱体上卸下，即可取下进水阀。

⑨ 拔下水位开关的透明塑料管，拆卸接线板支架。

⑩ 卸下接线板支架的固定螺钉，且支架上的电容器、滤噪器和水位开关也一并卸下。

⑪ 打开洗衣机前门，用一字螺丝刀将门封圈缝中的钢丝卡圈挑出。

⑫ 将门密封圈从箱体上取下，推入洗涤内筒，用力将外筒上的4根弹性挂簧取下。

⑬ 提着挂簧，将外筒从箱体中取出。

⑭ 用活扳手将固定前配重块的螺母卸下，将前配重块取下。

⑮ 用一字螺丝刀将异形密封圈与外筒前盖之间的钢丝卡圈挑出，取出异形密封圈。

7）回旋进水管的拆卸

① 用十字螺丝刀卸下洗涤剂盒的固定螺钉，再从操作盘槽内取出洗涤剂盒。

② 旋松洗涤剂盒与回旋进水管连接的卡圈，将其从洗涤剂盒上拆下。

③ 用一字螺丝刀将回旋进水管与外筒之间的 102 胶清除干净，即可将其拔下。

8）加热器、温度控制器的拆卸

① 打开洗衣机后盖，拔下加热器和温度控制器上的插线。

② 旋松加热器中间螺母，抽出加热器，将温度控制器从衬托内撬出。

9）排水管的拆卸

① 卸下洗衣机后盖，拔下排水泵上的两根插线。

② 将洗衣机向左侧放在泡沫垫上，卸下排水泵安装座与箱体下边梁的固定螺钉。

③ 松开排水泵与排水管及排水泵连接管的卡圈。

④ 拔下排水管及排水泵连接管，即可取下排水泵。

4．注意事项

① 爱护实验设施，把实训当成实战，严格按老师要求去做，以免损坏设备。

② 在设备拆装过程中，严禁通电，以免触电。

③ 在拆设备的时候，一定要做记录，因为拆开是为了了解它或修好它，一定要考虑能装回去，以免装错或漏装。

5．实训评价

内　容	要　求	评 分 标 准	得　分
部件识别（20 分）	能识洗衣机的重要组成部件	每错一个扣 4 分	
工具的正确使用（30 分）	能正确使用工具	每错一处扣 5 分	
部件拆装（40 分）	按照规定要求正确拆装	拆装有问题每处扣 4 分	
安全文明生产（10 分）	安全文明操作	违反者视情况扣 3～10 分	

习　题

1．全自动波轮洗衣机的水位开关的作用有哪些？压力式水位开关是如何控制水位的？

2．全自动波轮洗衣机进水电磁阀是如何工作的？

3．全自动波轮洗衣机洗涤时脱水桶顺时针跟转的原因是什么？该如何排除？

4．全自动波轮洗衣机洗涤正常不能脱水的主要原因是什么？应如何处理？

5．简述全自动波轮洗衣机离合器使洗衣机处于脱水状态的工作原理。

6．滚筒洗衣机上所用的温控器有什么特点？

7．滚筒洗衣机的支撑机构主要由哪些部件组成？

8．全自动滚筒洗衣机水到位后仍进水不停的故障原因主要有哪些？

9．在脱水时，滚筒洗衣机产生较强的震动，主要应该检查什么部位？

10．简述如何检修滚筒洗衣机筒底漏水的故障？